この定理が美しい

数学書房編集部 編

数学書房

はじめに

　美しい絵，美しい曲，美しい風景，美しい人，……
は日常よく使われる表現です．同じように
　　美しい定理，美しい見事な証明，魅了される美しい理論，……
などの表現を数学者は好み，よく使います．それぞれの美の基準は，時代，地域，文化によって異なるかもしれません．一方，人間及び数学者の感性として，ある普遍性がそこには存在するように思えます．

　数学者は，数学を学ぶ・研究する過程のいたるところで，その美しさ・見事さ・豊かさを感じていることと思います．そこで，20名のかたに美しいと感じる定理・公式，証明，またそれらが根幹となる理論についてご自由にお書きいただきました．そこから，数学者が感じる美しさとは何か，数学者の美意識，価値観のようなものを読み取っていただけたら幸いです．

　数学の新たな魅力を発見され，ご自身が美しいと感じる定理，見事な証明，魅力的な理論に出会われますことを願っています．

　また，ご執筆いただきましたかたがたに改めて感謝を申し上げます．

2009 年 4 月

数学書房編集部

目　次

はじめてのwell-definedness　置換の符号の定義 ——————— 2
　　阿原一志

運命のつながり　ガロワ理論 ———————————————— 11
　　石井志保子

有限体上の楕円曲線の有理点　ハッセの定理 ———————— 20
　　伊藤哲史

対称性の美　結晶群の分類 ————————————————— 30
　　伊藤由佳理

色褪せない定理たち　心に残る平面幾何の定理 ——————— 40
　　牛瀧文宏

未開の大地への招待　くりこみ可能性の判定条件 —————— 48
　　大栗博司

閉曲面の分類とオイラー標数　閉曲面の分類定理，オイラー標数 ——— 59
　　川﨑徹郎

2500年の歴史　素因数分解の一意性 ———————————— 69
　　黒川信重

複素解析の入り口　コーシーの積分定理 —————————— 80
　　澤野嘉宏

おもしろい有理式　超幾何級数の変換・和公式から ————— 90
　　白石潤一

新しいものを創造する力　対称化原理 ——————————— 99
　　杉原厚吉

複素数と繰り返しが織りなす世界　サリバンの遊走領域非存在定理 – 108
　　角　大輝

思いがけぬ活用法　不確定性原理とその応用 ——————— 118
　　立澤一哉

力学系の源泉　ニュートンの運動法則 ————————— 128
　　田邊　晋

数学の世界の紙工作　貼り合わせの補題 ———————— 136
　　土基善文

λ計算の美しさ　合流性定理 ——————————————— 145
　　西崎真也

数学の野原を飛び出して　補間多項式の一意存在定理 ——— 156
　　縫田光司

ガウスとフロベニウス　平方剰余法則と指標の直交関係 ——— 165
　　原田耕一郎

ランダムネスに潜む普遍性　中心極限定理 ———————— 176
　　洞　彰人

みなさんなら何を選ぶ？　学生が選んだ美しい定理 ———— 186
　　鈴木　寛

この定理が美しい

はじめての well-definedness
置換の符号の定義

阿原一志

1　well-definedness

　大学に入学して，初めて本格的に数学という学問に触れるとき，さまざまな新しい言葉に出会いますが，中でも "well-definedness" という言葉はもっとも印象的なものの一つではないでしょうか．日本語にぴったりした訳語がないのですが「定義がそれ自身正しく定まっていること」というのがその意味です．

　1 年生の線形代数学で well-definedness という言葉は何回か出てきますが，最初のほうで出てくる場面といえば，階数 (rank) を定義するときと，置換の符号を定義するときでしょう．このときがほとんどの大学生にとって初めて数学らしい数学に触れる機会だと思います．もし，すでに線形代数の授業を通過したかたで「階数の定義や置換の符号の定義は習ったけれど，それほど数学らしい数学は現れなかった」という記憶のお持ちのかたは，拙文を読んでいただいてすこしでもその美しさを味わっていただければと思います．

　たしかに，与えられた置換の符号を求めることは簡単です．期末試験ですと「置換 $\sigma = (12)(345)(6789)$ の符号を求めなさい」(答えは 1) などと聞かれるだけですから，そこには美しさのかけらもありません．最近とみに「理論を省略して」「公式・計算方法を学習する」という風潮が高まっており，大学数学もその誇りをまぬがれませんが，やはり理論の美しさがあってこその公式であり計算方法であると思います．計算はコンピュータに任せておくことにして，その根本である理論の部分を味わったほうが，人生に深みが出るというものでしょう．

2 置換と符号の定義

さて，本題に入りましょう．n を自然数とし，集合 X_n を 1 から n までの自然数の集合とします．n 次の**置換**とは全単射 $\sigma : X_n \to X_n$ であると定義します．数学ではこれで十分なのですが，もう少しかみくだいて説明しましょう．集合 X_n を

$$X_n = \{1, 2, \cdots, n\}$$

という集合だとしましょう．n 次の置換 σ とは，X_n の元を重複なく漏れなく並び替えたものであるとします．たとえば，$n = 5$ として，

$$1, 2, 3, 4, 5 \Longrightarrow 3, 2, 5, 1, 4$$

は重複なく漏れなく並び替えたものですが，これを $X_5 = \{1, 2, 3, 4, 5\}$ から X_5 への写像とみて

$$\sigma(1) = 3, \quad \sigma(2) = 2, \quad \sigma(3) = 5, \quad \sigma(4) = 1, \quad \sigma(5) = 4$$

と定義すれば「重複なく漏れなく」という条件から写像 $\sigma : X_5 \to X_5$ は全単射になります．これを記号として

$$\sigma = \begin{pmatrix} 1 & 2 & 3 & 4 & 5 \\ 3 & 2 & 5 & 1 & 4 \end{pmatrix}$$

と書くことにします．

置換は写像の一種ですから，写像についての言葉を置換にも使うことができます．まず，写像の合成に相当するものは置換の積と呼びます．たとえば

$$\sigma_1 = \begin{pmatrix} 1 & 2 & 3 & 4 & 5 \\ 3 & 2 & 5 & 1 & 4 \end{pmatrix}$$
$$\sigma_2 = \begin{pmatrix} 1 & 2 & 3 & 4 & 5 \\ 4 & 1 & 2 & 5 & 3 \end{pmatrix}$$

とするならば，$\sigma_1(\sigma_2(1)) = \sigma_1(4) = 1$ ですから，$\sigma_1 \sigma_2(1) = 1$ であると考えられ，このように計算すると，

$$\sigma_1 \sigma_2 = \begin{pmatrix} 1 & 2 & 3 & 4 & 5 \\ 1 & 3 & 2 & 4 & 5 \end{pmatrix}$$

であることがわかります. 置換の積 = 写像の合成に関しては結合法則 $(\sigma_1\sigma_2)\sigma_3 = \sigma_1(\sigma_2\sigma_3)$ が成り立つことに注意しておきましょう. 恒等写像は「まったく並び替えないような並び替え」に相当しますが, これを恒等置換と言って 1 で書きます. 恒等写像の性質より, 任意の置換 σ に対して, $\sigma 1 = 1\sigma = \sigma$ です. 逆写像に相当するものは逆置換と言って σ^{-1} のように書きます. ここで写像 σ が全単射であるからこそ σ^{-1} が存在しうることに注意しましょう. 逆写像の性質より $\sigma\sigma^{-1} = \sigma^{-1}\sigma = 1$ が成り立ちます. これらの性質をまとめて「置換全体の集合は群をなす」といいます.

置換の中で, 特定の 2 つのみを交換したようなものを**互換**と呼びます. $i, j \in X_n$ として (ただし $i \neq j$ とします), i を j に写し, j を i に写し, 他のものをそのままにするような置換を (ij) と書きます. つまり,

$$(ij) = \begin{pmatrix} 1 & \cdots & i & \cdots & j & \cdots & n \\ 1 & \cdots & j & \cdots & i & \cdots & n \end{pmatrix}$$

です. 互換に関して, 次の定理が成り立ちます.

定理 1 任意の置換 σ はいくつかの互換 $\tau_1, \tau_2, \cdots, \tau_t$ の積として書き表すことができる. つまり, $\sigma = \tau_1\tau_2\cdots\tau_t$ である. ($\sigma = 1$ のときには 0 個の積で書き表せていると考える.) このとき, $(-1)^t$ (t は互換の個数) は互換の積の書き表し方によらずに定まり, これを置換の符号 $\mathrm{sign}(\sigma)$ と呼ぶ. すなわち

$$\mathrm{sign}(\sigma) = (-1)^t$$

と定義する.

上の定理は二つのことを主張しています. 一つは任意の σ が互換 $\tau_1, \tau_2, \cdots, \tau_t$ の積として書き表すことができることです. このことの意味を理解することは比較的容易です. というのは, 与えられた σ に対して, 互換 $\tau_1, \tau_2, \cdots, \tau_t$ を探す方法がわかればよいからです. もう一つの主張は, $(-1)^t$ が互換の積の書き表し方によらずに定まるということです. これは初学者には意味がわかりにくいです. 「互換の積の書き表し方」というのは無限に組み合わせがあります. (実際無限通りかどうかすぐにわからなくても, 1 通りとは限らないことはすぐにわかることで

しょう.）それなのに，$(-1)^t$ は書き表し方によらない，と言っているのです．互換の積の書き表し方すべて，というのを頭の中で想定することができないと，「書き表し方によらない」という言葉の意味もわからなくなってしまうことでしょう．しかも，それを置換の符号 $\text{sign}(\sigma)$ と定義しようと言われて，多くの学生は混乱します．

大学で線形代数を教えていると「先生は定理と書いているのに，なぜこれが $\text{sign}(\sigma)$ の定義なのか」という質問を受けることがあります．これは実に的を射た質問であって，この文章のテーマであるところの well-definedness にかかわる部分であるわけです．

コンピュータで，または手計算で $\text{sign}(\sigma)$ を計算しようと思ったら，定義に従って，$\sigma = \tau_1 \tau_2 \cdots \tau_t$ となる互換 $\tau_1, \tau_2, \cdots, \tau_t$ を何らかのアルゴリズムで探し出し，$(-1)^t$ を計算すればよいのです．計算して求めるだけならば，この手続き方法だけを提示すればよいわけです．定理の主張することは，

このようにして求めた sign は，アルゴリズムに依存しない

ということです．これが「well-defined ＝ 適正に定義されている」の意味です．ここで大切なことは，well-definedness が「答の求め方を与えている」のではなく，「求め方が適正であることを保証している」ということなのです．

3　証明

定理を証明しましょう．多くの線形代数の教科書と同じ証明ですからここに書くまでもないかもしれませんが，丁寧に説明してみます．

まずは任意の σ が互換 $\tau_1, \tau_2, \cdots, \tau_t$ の積として書き表すことができることへの証明です．これには数学的帰納法を用います．$n=1$ のときには置換は恒等置換しかありませんから，「$\sigma = 1$ のときには 0 個の積で書き表せていると考える」という但し書きに従って，命題は正しいことがわかります．

$n = k - 1$ $(k = 2, 3, \cdots)$ に対して，命題が正しいものとしましょう．任意に与えられた k 次の置換 σ を考えます．j を $j = \sigma(k)$ によって定めると，j は $1, 2, \cdots, k-1, k$ のどれかです．ここで場合分けを考えます．

場合 1 $j = k$ の場合

$j = k$ の場合であるとはすなわち $\sigma(k) = k$ ということですから，$1, 2, \cdots, k-1$ は σ によって $1, 2, \cdots, k-1$ のどれかに写されることがわかります．したがって，σ はそのまま自然に $(k-1)$ 次の置換であると考えることができます．帰納法の仮定により，$(k-1)$ 次の任意の置換は互換の積で書き表せますので，σ も互換の積で書き表せることが示せました．

場合 2 $j \leq k-1$ の場合

このときは，$\tau = (jk)$ という互換を考えます．$\tau\sigma$ という積を考えると，

$$\tau\sigma(k) = \tau(j) = k$$

であることがわかりますので，上の場合と同様に $\tau\sigma$ は $(k-1)$ 次の置換であるとみなすことができます．帰納法の仮定より，互換 $\tau_1, \tau_2, \cdots, \tau_t$ が存在して

$$\tau\sigma = \tau_1\tau_2\cdots\tau_t$$

ですから，τ を移項して (互換は自乗すると恒等置換になりますので $\tau^{-1} = \tau$ です)

$$\sigma = \tau\tau_1\tau_2\cdots\tau_t$$

を得ます． (前半部分の証明終わり)

後半部分の証明にはいりましょう．$\sigma = \tau_1\tau_2\cdots\tau_t$ と書き表せたとして，$(-1)^t$ が互換の積の書き表し方によらずに定まることの証明をします．まずそのために，差積という多項式を準備しましょう．n 個の変数からなる多項式 $\Delta(x_1, x_2, \cdots, x_n)$ を

$$\begin{aligned}\Delta(x_1, x_2, \cdots, x_n) &= \prod_{a<b}(x_a - x_b) \\ &= (x_1 - x_2)(x_1 - x_3)\cdots(x_1 - x_n) \\ &\quad \times (x_2 - x_3)\cdots(x_2 - x_n) \\ &\quad \times \cdots \\ &\quad \times (x_{n-1} - x_n)\end{aligned}$$

によって定義します．$(x_1, x_2, \cdots, x_n$ は n 個の変数を意味します．)

補題 2 $i < j$ とすると，x_i と x_j を交換することにより

$$\Delta(x_1,\cdots,x_i,\cdots,x_j,\cdots,x_n) = -\Delta(x_1,\cdots,x_j,\cdots,x_i,\cdots,x_n)$$

を得る.

補題 2 の証明 x_i と x_j を交換したとき, $\Delta(x_1,x_2,\cdots,x_n)$ の積のうち, a,b のいずれもが i,j と異なるような $(x_a - x_b)$ に関しては符号の変化はありません. $k < i < j$ となるような k に関しては

$$(x_k - x_i)(x_k - x_j) = (x_k - x_j)(x_k - x_i)$$

だから x_i と x_j を交換してもこの部分の符号への影響はありません. $i < k < j$ となるような k に関しては

$$(x_i - x_k)(x_k - x_j) = (x_j - x_k)(x_k - x_i)$$

だからこれも符号への影響はありません. $i < j < k$ となるような k に関しては

$$(x_i - x_k)(x_j - x_k) = (x_j - x_k)(x_i - x_k)$$

だからこれも符号への影響はありません. 最後に, $(x_i - x_j)$ ですが, x_i と x_j を交換したあとは $(x_j - x_i)$ となり, (-1) 倍になっていることがわかります. 以上より,

$$\Delta(x_1,\cdots,x_i,\cdots,x_j,\cdots,x_n) = -\Delta(x_1,\cdots,x_j,\cdots,x_i,\cdots,x_n)$$

を得ることができます.

定理 1 の後半部分の証明に入ります.

σ が二通りの方法で互換の積で書けていたとしましょう. つまり, $\tau_1,\tau_2,\cdots,\tau_t$ と $\rho_1,\cdots,\rho_r$ がそれぞれ互換であって, かつ $\sigma = \tau_1\tau_2\cdots\tau_t = \rho_1\rho_2\cdots\rho_r$ であったとしましょう. この状況で証明すべき式は

$$(-1)^t = (-1)^r$$

です. さて, $\sigma = \begin{pmatrix} 1 & 2 & \cdots & n \\ p_1 & p_2 & \cdots & p_n \end{pmatrix}$ と書いておくことにすると, $\sigma = \tau_1\tau_2\cdots\tau_t$ であることと, 上の補題の内容から考えて,

$$\Delta(x_1,x_2,\cdots,x_n) = (-1)^t \Delta(x_{p_1},x_{p_2},\cdots,x_{p_n}) \qquad (1)$$

であることがわかります．理由は次の通りです．$\Delta(x_{p_1}, x_{p_2}, \cdots, x_{p_n})$ を得るためには，変数を t 回交換しなければいけません．一方で，変数を 1 回交換すると Δ の符号が変わります．つまり，t 個の互換で σ が表されているということから符号が t 回変わることになり，$(-1)^t$ 倍になっていることが示されます．同じように考えて $\sigma = \rho_1 \rho_2 \cdots \rho_r$ であることから

$$\Delta(x_1, x_2, \cdots, x_n) = (-1)^r \Delta(x_{p_1}, x_{p_2}, \cdots, x_{p_n}) \qquad (2)$$

であることがわかります．式 (1) と式 (2) を比較して，$(-1)^t = (-1)^r$ を得ます．
(証明終わり)

4 美しさの証明

こういう証明を大学 1 年生の一般教養の授業で行うことは，実際にはかなり虚しいのです．こういう授業は多くの学生がポカンとした顔で聞いており，授業後に「先生，この証明は期末試験には出ませんよね」と念を押しに来たりします (笑)．たしかに，高校までの数学教育を受けてきたものにとってこの証明を自分のものにすることは，やや難しいかもしれません．学生にとっての一番の関心事である「単位を修得できるか」という問題と比較した場合，証明の方法・意味・味わいといった事柄ははるか遠くの物事として処理されるのが普通です．この定理の場合，前半の数学的帰納法によるアルゴリズムを理解すれば「符号を求める」ことは可能です．後半の well-definedness は，事実として記憶しておけば，その内容は要らないと考えてしまう学生は多いようです．やや複雑な気持ちです．

しかし，この題材の場合には，この証明が美しいことの証明ができます (笑)．符号に関する性質をいくつか紹介しましょう．

命題 3
(1) $\mathrm{sign}(\sigma\tau) = \mathrm{sign}(\sigma)\mathrm{sign}(\tau)$
(2) $\mathrm{sign}(\tau\sigma) = \mathrm{sign}(\sigma\tau)$
(3) $\mathrm{sign}(\sigma^{-1}) = \mathrm{sign}(\sigma)$

これらを置換の符号の定義の well-definedness を用いて示してごらんなさい，

という期末試験を出してあげれば，学生たちも少しは考えを改めるでしょう．

(1), (2) に関しては，もし σ が s 個の互換の積で表され τ が t 個の互換の積で表されていれば，$\sigma\tau$ も $\tau\sigma$ も $(s+t)$ 個の互換の積で表されますから，この結果はただちに従います．(3) に関しては，$\sigma = \tau_1\tau_2\cdots\tau_t$ ならば $\sigma^{-1} = \tau_t\tau_{t-1}\cdots\tau_1$ ですから，やはりただちに従います．(もちろん (2), (3) を (1) から導くスマートなやり方もあります．ここは「well-definedness を使って」と指定していますから，このような答えになります．)

さて，非常に基礎的な定理の紹介でしたので，複雑で広い応用はありませんが，いくつか述べておきましょう．置換の符号の well-definedness は行列式の性質を導くときに重要な役割を果たします．行列式を学生に学習させるときも「性質を憶える」だけでなく「証明を知る」という点にも興味を持ってもらうようにしたいと思っています．(興味を持ってもらう，という点が重要です．)

互換の積に関する問題としては，隣接した番号を互換する「隣接互換」だけを使う積を考えることにすると，次のようなより詳細な定理があります．

定理 4 置換 σ は $t = \#\{(i,j) \mid i < j$ かつ $\sigma(i) > \sigma(j)\}$ 個の隣接互換の積として表せる．またこの t が隣接互換の積で表せる最小個数である．この t を σ の転倒数と呼ぶ．ただし，$\#$ は集合の要素の個数を意味するものとする．

隣接互換の積で表せる最小個数というのはアミダクジで σ を実現しようとしたときの橋げたの最小本数と一致しますから，パズルの問題としても興味深いと思います．

直接の系ではありませんが，「どんな次元でも空間の向きには表と裏の二つしかない」という性質は置換の符号と深く関係します．正規直交基底 $\langle e_1, e_2, \cdots, e_n \rangle$ を固定します．置換 σ に対して，基底 $\langle e_{\sigma(1)}, e_{\sigma(2)}, \cdots, e_{\sigma(n)} \rangle$ を考えたとき，実は，この二つの基底は「何回か回して重ねることができる」かまたは「1 回裏返したあとに何回か回して重ねることができる」のどちらかしかありません．それがちょうど置換の符号で決まる (符号が 1 ならばそのまま重ねられ，-1 なら裏返しが必要なのです) ことが知られています．正規直交基底のうち，連続変形で写せるものを同じものとみなすと，正規直交基底は実は 2 種類しかなく，それが表と裏に対応しています．(式で言うと，$O(n)/SO(n) = \{\pm 1\}$ です．$SO(n)$ が

連結であることに注意しましょう.) フレミングの法則は右手の法則と左手の法則の 2 種類しかありませんが,それは向きが表と裏の 2 種類しかないことに起因しています. 4 次元・5 次元…と次元が高くなっても空間の向きが二つしかないというのは,ちょっと不思議な気がしませんか?

運命のつながり
ガロワ理論
石井志保子

1 つながりを見抜く

　思いがけない2つの対象が深いところで運命の糸によってつながっていることを発見するのが数学の醍醐味のひとつである．数学では美しく意外性のあるのが良い定理とされる．数学者の仕事は良い定理を発見して証明をすることであるが，数学者になって感じることは，「良い定理はなかなか見つからない」ということだ．「これとこれは何か関係があるのではないか」と思っていろいろ計算してみても，自明な場合以外はなかなかうまくいっていることはない．運が良ければうまくいく定理を発見できるが，しかし運だけではないと思われる．これを見分ける嗅覚が優れていることが数学者には必要だ．
　ガロワ理論は中間体と部分群の，美しい1対1のつながりを示すものである．この理論を土台として5次以上の次数の方程式が解の公式を持たないということが証明できるのである．しかし筆者は最初に学部の学生としてガロワ理論を勉強したときは，うまくいっていることのありがたみがわからなかった．まっさらな頭である．「そんなものか」とごくごく素直に受け入れてしまった．知識も乏しく，嗅覚はもちろんゼロだったころだ．初めてガロワ理論を学んですぐに感動する学生もいるようだが，とてもセンスが良いのだろう．筆者は数学者になって，自分の見込み違いのために数学の対象たちの美しくない関係を体験することになり，そこで初めてガロワ理論の美しさ，ありがたみが身にしみたのだった．
　ガロワ理論はエヴァリスト・ガロワによるものであるが，このガロワ自身の生涯は小説や映画になりそうなくらいドラマティックなものである．ガロワに関わった

何人かの数学者や教育者は，ガロワを評価しなかったかどで不名誉な評価を受けている．現在では数学の世界には若い才能を大切にしようという気風があり，若い人を権力で押さえつけようとする数学者はいないが，これはガロワの件も教訓の一つになっているのかもしれない．もっとも権力を持つ数学者というものがそもそも存在しないという見方もあるが．

ガロワが方程式の可解性に興味を持ったのは，学生時代にラグランジュの本で 5 次以上の代数方程式が「解法を持つ」かどうかがまだ解明されていないことを知ってからだった．彼は最初 5 次以上の方程式も「解法を持つ」と考えたようであるが，やがて否定的な考えに変わった．そしてガロワはそれを否定的に結論づけるための，根底にある理論を構築したのだった．

「5 次以上の方程式が解けない」ということは標語的には数学以外の人にも少しは知られているようだ．ある小説家は生前「学問は無力だ．数学だって無力だ．5 次の方程式が解けないんだ」と妻に話していたそうである．学問が無力かどうかは筆者はわからないが，5 次方程式の非可解性は数学の「無力の証拠」ではないということは断固として言える．5 次方程式の非可解性は「数学の無力」ではなく，間違いなく数学の輝かしい成果を表しているのである．それをここで見ることにしよう．

2　ガロワの生涯

エヴァリスト・ガロワ (Evariste Galois) は 1811 年 10 月にフランスで生まれ，帝政と共和制に揺れ動く激動の時代を生き，1832 年 21 歳になる前に，決闘のため命を落としている．ガロワはこの短い生涯の中で代数方程式の可解性の基礎となる理論「ガロワ理論」を打ち立てた．熱狂的な共和主義者だった彼は「政治活動」の一方で数学に目覚め，まだ中学生だった頃に「代数方程式の可解性」についての論文をフランスの学士院に投稿している．しかし最初の投稿は編集責任者のコーシーが紛失したとのことで無視され，2 度目の投稿は審査員のポワソンにより「理解不可能」ということで却下されている．この間ガロワは父親を自殺で亡くし，高等理工科学校 (エコール・ポリテクニク) の受験に 2 回も失敗し，ようやく入学した教師予備校 (高等師範学校：エコール・ノルマルの一時的な形態) では，その過激な政治活動のため放校処分を受け，さらに 2 度までも投獄されてい

る．彼の死の直接の原因となった決闘も，過激な共和主義者を排除しようとする皇帝派の陰謀だったという説もある [1]．また彼の数学的業績は生きている間についに評価されることはなかった．

　数編の論文と友人に当てた手紙を残して一陣の疾風のごとくにして駆け抜けていった若者の人生を思うと心が痛む．彼の人生には，何も良いことがなかったのだろうか．数学を経験したことのない人にとってはそのように見えるかもしれない．しかし短い期間であっても数学を自分の問題として生きた人，数学の美に導かれて道を辿った経験のある人にはわかるだろう．その道を辿っているときは，他のことはすべて消え失せ，真理の女神の前にひたすら謙虚になり，深い充実感が得られることを．ガロワの人生に数学があったことは喜ばしいことだ．そしてもちろん数学にとってガロワが存在したことは幸福なことである．

3　群と体

　生きている間に認められなかったガロワの業績は，彼の弟と友人が骨を折って清書した論文を，リウヴィルが苦労して理解し発表したおかげで世に知られることとなった．ガロワ自身の書いたものは「理解不可能」ということで却下されたのであるから，現在の代数学の教科書に定式化されているようなガロワ理論の体裁をとっていなかったことは確かであろう．ここではガロワ理論を現代の言葉で紹介しよう．

3.1　体

　四則 (加減乗除) の演算ができる集合を「体」という．有理数全体の集合 ($\mathbb{Q}$ と表す) や実数全体の集合 ($\mathbb{R}$ と表す) や複素数全体の集合 ($\mathbb{C}$ と表す) は「体」である．「体」一般については体の記号として k, K, L 等を使って表すことにする．2つの体 k, K が包含関係 $k \subset K$ をもち演算が共通であるとき「k は K の部分体」あるいは「K は k の拡大体」という．また「拡大 K/k」と書くこともある．例えば $\mathbb{Q}$ は $\mathbb{R}$ の部分体であり，$\mathbb{R}$ は $\mathbb{Q}$ の拡大体である．また体 k, K, L が $k \subset K \subset L$ を満たしているとき K を k と L の中間体であるという．

　ガロワ理論は $\mathbb{C}$ の部分体とは限らない任意の体について成立するのであるが，この稿では簡単のためすべて $\mathbb{C}$ の中で考える．もっと詳しく言えば，

$$\mathbb{Q} \subset k \subset K \subset \mathbb{C}$$

なる中間体 k, K を考えるのである.

3.2 代数的拡大，ガロワ拡大

前節の

$$\mathbb{Q} \subset k \subset K \subset \mathbb{C}$$

を満たしている中間体 k と K が密接な関係を持つ場合を考えよう．K は k よりもたくさん元を持っているのであるが，K のどの元も k を係数とする方程式

$$a_n x^n + a_{n-1} x^{n-1} + \cdots + a_0 = 0 \qquad (a_0, \cdots, a_n \in k)$$

の解になっている場合である．このようなとき，K を k の代数拡大体という．例を挙げると $\mathbb{C}$ は $\mathbb{R}$ の代数拡大体である．例えば虚数単位 $i \in \mathbb{C}$ は $i^2 = -1$ を満たしている，すなわち $X^2 + 1 = 0$ の解である．

いま代数拡大 K/k を考えよう．$\sigma : K \to \mathbb{C}$ なる写像で

(1) σ が和と積の演算と整合性を持つ，すなわち

$$\sigma(a+b) = \sigma(a) + \sigma(b), \qquad \sigma(ab) = \sigma(a)\sigma(b)$$

(2) k の元は動かさない，すなわち

$$a \in k \Longrightarrow \sigma(a) = a$$

(3) 異なる元が同一の元に写ることはない，すなわち

$$a \neq b \Longrightarrow \sigma(a) \neq \sigma(b)$$

このような σ を考えると一般に σ による像 $\sigma(K)$ は K からはみ出してしまう可能性がある．しかし，(1), (2), (3) の条件を満たすどんな σ をもってきても $\sigma(K) = K$ となっているようなとき K/k をガロワ拡大と呼ぶ．このとき (1), (2), (3) を満たす σ の集合を $\mathrm{Gal}(K/k)$ と書き，K の k 上のガロワ群と呼ぶ．ここで「群」という言葉が出てきたが，群とは何であろうか？

3.3 群

$\sigma, \tau \in \mathrm{Gal}(K/k)$ を考えると，写像 σ, τ の定義域，値域はともに K であるのでこの2つを合成することができる．合成のしかたは2つある．先に τ で送りそ

のあとで σ で送るという $\sigma \circ \tau$ と，その逆 $\tau \circ \sigma$ である．いずれも (1), (2), (3) の条件を満たすので $\mathrm{Gal}(K/k)$ の元になる．したがって合成は $\mathrm{Gal}(K/k)$ における一つの演算と考えられる．この演算において恒等写像 id_K ($\mathrm{id}_K(a) = a$, $\forall a \in K$) はどんな写像と合成してもその写像を変えないことがわかる．このような性質を持つ元を単位元と呼ぶ．ここで $\sigma \in \mathrm{Gal}(K/k)$ ならば逆写像 $\sigma^{-1}: K \to K$ も (1), (2), (3) の条件をみたすので $\sigma^{-1} \in \mathrm{Gal}(K/k)$ である．$\sigma \circ \sigma^{-1} = \mathrm{id}_K$, $\sigma^{-1} \circ \sigma = \mathrm{id}_K$ に注意しよう．このように σ と合成することによって単位元になるものを σ の逆元と呼ぶ．またもっと一般に，演算が定義され，単位元，逆元が存在する集合を群と呼ぶ．$\mathrm{Gal}(K/k)$ はこの意味で群になる．ここで注意しなければならないのは，一般に $\sigma \circ \tau \neq \tau \circ \sigma$ となることである．ここが数の世界とは異なるところだ．とくに $\sigma \circ \tau = \tau \circ \sigma$ がすべての元 σ, τ について成立しているような群をアーベル群と呼ぶ．たとえば 群のすべての元がひとつの元 σ の冪で表されるときその群を巡回群と呼ぶ．巡回群はアーベル群の一例である．2 つの群 H, G が包含関係 $H \subset G$ をもち，演算が共通のとき H は G の部分群であるという．

3.4 ガロワの対応

K/k がガロワ拡大になっているような中間体

$$\mathbb{Q} \subset k \subset K \subset \mathbb{C}$$

とガロワ群

$$G = \mathrm{Gal}(K/k)$$

を考えよう．K と k の中間体 F に対して $H(F) = \mathrm{Gal}(K/F)$ は G の部分群になっていることがわかる．他方 G の部分群 H に対して H に属する写像で不変な K の元全体 $F(H)$ は K と k の中間体になっていることがわかる．これらにより，次の両方向の写像が得られる：

$$\begin{array}{ccc} F & \longmapsto & H(F) \\ \{K/k \text{ の中間体}\} & \longleftrightarrow & \{G \text{ の部分群}\} \\ F(H) & \longleftarrow\!\shortmid & H \end{array}$$

ガロワの定理というのは

「この対応がぴったり 1 対 1 の対応になっている」

ということだ．中間体や部分群の包含関係も，向きを逆にして対応している．また，詳しくは説明できないが中間体のいろいろな条件が部分群の条件としてきっちり言い換えられることもわかる．これがガロワの対応である．

4 方程式が解けるということ

たんに「方程式が解ける」というと，解が存在すると言っているのか，解を具体的に求める方法 (つまり解法) があるといっているのかはっきりしない．まずは，解が存在することと，解法 (解の公式) があることの違いをはっきり認識しなければならない．数学は本来，「答えは 25 である」というように答えを具体的に求めるものだった．しかし数学の問題意識が多様化するにつれて「～は存在する」という主張も重要になってきた．「解は存在する」「これこれの条件を満たす対象は存在する」などなど．問題意識次第でこれだけで十分満足できる場合もある．しかしわれわれがここで考えるのは解を具体的に求めることである．

まず 1 次方程式から考えよう．

$$2x + 3 = 6$$

これには $x = 3/2$ という解が存在する．この場合，解の存在も解法も同時にわかってしまう．この方程式の右辺の 6 を左辺に移項しもっと一般に

$$ax + b = 0$$

の形の 1 次方程式にすれば，この解は係数 a, b を使って

$$x = -b/a$$

と書ける．これは a, b が複素数であっても構わない．

では 2 次方程式ではどうだろうか？

$$ax^2 + bx + c = 0$$

の解は高校では a, b, c が実数のときは

$$x = \frac{-b \pm \sqrt{b^2 - 4ac}}{2a}$$

になることを習った．実は a, b, c が実数でなくて複素数であってもこの公式は成

り立つ．すなわち，この形の 2 次方程式はどんなものでもこの公式で解を求めることができる．解の公式がある！

次にくる 3 次方程式も 16 世紀には解の公式が知られていたし 4 次方程式も同様に方程式の係数の加減乗除と冪根を使って解を表す公式があることが知られている．

そして 5 次方程式を考えると，はたと止まってしまうのだ．どうしても解けない！　ここで注意しなければならないのは，代数方程式は何次であっても必ず複素数の範囲で解は「存在する」ということだ．これはガウスによって 19 世紀初頭に証明された代数学の基本定理からわかる．n 次の方程式であれば，重複も込めて必ず n 個の解が存在する．

解の存在がわかっているのだからそれを表す公式があっても良さそうだ．5 次方程式の解の公式が求められないのは，我々の能力が足りないからであって，もっと数学が発展すればいずれ求められるものなのだろうか？　それともそもそも公式が存在しないのだろうか？　これは本質的な問題である．その答えは，

「数学的な理由で公式は存在しない」

である．これがガロワ理論から導かれる結論なのだ．もし，方程式

$$a_n x^n + a_{n-1} x^{n-1} + \cdots + a_0 = 0$$

の解の公式があったとする．それは 2 次方程式の場合のように係数たち $a_0, \cdots, a_n$ の四則と冪根で書かれていなければならない．有理数体上にこれらの係数をすべて付け加えた体を k とすると，この方程式の解をすべて k 上に付け加えた体 K は k 上に冪根を付け加えるという冪根拡大を何回か施して得られるはずである．

$$k \subset K_1 \subset K_2 \subset \cdots \subset K_r = K \tag{1}$$

このような拡大 K/k は特殊なものであるので，そのガロワ群も特殊な性質を持つ．K/k の中間体と $\mathrm{Gal}(K/k)$ の部分群との対応 (ガロワ対応！) を考えると $\mathrm{Gal}(K/k)$ は剰余群が巡回群になるような正規部分群の減少列

$$\mathrm{Gal}(K/k) \supset H_1 \supset \cdots \supset H_r = \{1\} \tag{2}$$

を持つ．このような性質を持つ群は可解群と呼ばれる．したがって，n 次方程式 $a_n x^n + a_{n-1} x^{n-1} + \cdots + a_0 = 0$ が解の公式を持つならば拡大 K/k のガロワ群

は可解群になる．しかし，$n \geq 5$ になると，方程式によってはガロワ群 $\mathrm{Gal}(K/k)$ が可解群にならない場合があるのだ．たとえば n 次の代数方程式でガロワ群が n 個の文字の置換全体のなす群 S_n になるものがあるのだが，この S_n は $n \geq 5$ のときに可解群ではないのだ．実際，S_n には (2) のような減少列があるのかどうかを考えるとき，H_1 は何とか見つけることができる．しかしこの H_1 はのっぺらぼうのような群で，その部分群といえば自明なもの $\{1\}$ しか持たないのだ．だから H_2 の候補は $\{1\}$ だけである．だからここで減少列は止まる．しかしこうなると剰余群 H_1/H_2 が巡回群であるという条件が満たされなくなる．$H_1/H_2 \simeq H_1$ で H_1 がアーベル群でさえもないからだ．したがって S_n ($n \geq 5$) には (2) のような列は存在しない，すなわち可解群ではない．これにより，5 次以上の代数方程式には係数の四則と冪根を使った解の公式がないことがわかる．

参考文献

この稿を書くにあたって参考にした文献をあげる．読者にとっても参考になると思われる．ガロワの人生に関しては

[1] L. インフェルト『ガロアの生涯——神々の愛でし人』(市井三郎訳)，日本評論社，2008

が詳しい．彼の生涯に関する資料は大変少ないらしいのだが，著者の創作により人物像が肉付けされている．巻末に追記として，創作の部分と資料にある部分を明示しているのは誠実である．とても面白い読み物になっており，これを読むと当時のフランス社会の空気と，才能がありエキセントリックで美少年のガロワのすがたが浮かび上がってくる．実はこの本のどこにも美少年と書いてはないのだが，このような美しい理論を作り出したガロワは美少年に違いないと筆者は思っている．

ガロワ理論は大学の学部で学ぶ「代数学」あるいは「体論」と名のつく教科書には必ず載っている必須項目である．読者はご自身で読みやすいものを選ばれると良い．教科書があまりに「乾燥した」書き方だと思われる方は

[2] リリアン・リーバー『ガロアと群論』(浜稲雄訳)，みすず書房，2006

をお勧めする．この著者は女性でその夫君が挿絵を描いているが，いったい何者

なのか筆者は知らない．詩の体裁で書かれているが，方程式が解けるということはどういうことなのかを丁寧に例をとりながら説明し (詠いあげ) 群を導入し徐々に核心に入っていく．定式化のしかたを見ると本格的であるので数学に関わる人であることは確かだろう．しかしこんなに見事に，すんなりと心に入ってくる言葉で表現できる数学者はいるのだろうかと感心する．

　この稿をきっかけにガロワ理論，代数学に興味を持って，いろいろな書物にふれていただければ嬉しい．

有限体上の楕円曲線の有理点

ハッセの定理

伊藤哲史

1 はじめに

　私は整数論の中でも整数の問題を幾何学の手法で調べる「数論幾何」と呼ばれる分野の研究をしている．整数という離散的でとらえどころの無い対象に幾何学的手法を適用することで，図形的なイメージを用いて問題を理解し，解決することができる．一見複雑な対象が，幾何学的な視点を導入することによって，とても明瞭に見えてくることも多い．そこに数論幾何の醍醐味がある．

　数学の研究をしていると，美しい定理に出会うことがよくある．私にとって，定理の「美しさ」には，いくつかの段階があるように思う．

　まず，第一段階として定理の形や定式化の美しさがある．美しい定理は簡潔で単純明快である．それでいて，私たちに何かを訴えかけているような，何とも言えない不思議な雰囲気を醸し出している．定理の外見の美しさとも言える．この段階の美しさであれば，難しい理論を学ばなくても感じることができるだろう．

　第二段階として定理の証明の美しさがある．定理の内面の美しさと言ってもよい．美しい定理には美しい証明がある．奇をてらった短いだけの証明や，ごり押しで計算しただけの証明は，美しい証明とは言わない．証明の美しさを理解するには，かなりの時間机に向かって（コーヒーを飲みながら）じっくりと考える必要があるから，数学を勉強する者にとっての美しさとも言える．美しい証明を真に理解したとき，定理に命が吹き込まれ，定理が私たちに生き生きと語りかけてくれるような気がする．美しい証明は何度見ても決して飽きることはない．しまいには，この定理は最初からこのように証明される運命にあったのだ——と錯覚す

ることさえある．

最後に，第三段階として定理を取り巻く理論の美しさがある．これは数学を研究する者にとっての美しさとも言える．美しい定理は歴史的にも理論的にも大きな意味を持つ．美しい定理が深く一般化され，その結果，深遠な大理論が生まれることも多い．新しい応用が発見されることもある．私も，数学者の端くれとして，美しい定理を足がかりに新しい世界に踏み出していきたい，そして，いつかは自分自身が心から美しいと思える定理を1つくらいは自分の力で証明したいと夢想してはいるのだが，まあ，なかなかうまくはいかない．

数論幾何には美しい定理がたくさんあるが，以下では，その中でも私がもっとも美しいと思う「ハッセの定理」をとりあげることにしよう．「ハッセの定理」を通して，私なりの「第一段階」「第二段階」「第三段階」の美しさを伝えたいと思う．

2　ハッセの定理

ハッセの定理は有限体上の楕円曲線の有理点の個数に関する定理である．以下では p を5以上の素数とする．整数 $s, t \in \mathbb{Z}$ の差が p で割り切れるとき，$s \equiv t \pmod{p}$ と書き，s と t は p を法として**合同**であるという．3次方程式

$$E : y^2 = x^3 + ax + b \quad (a, b \text{ は } 4a^3 + 27b^2 \neq 0 \text{ をみたす整数})$$

で定義された曲線を**楕円曲線**という[1]．

定理1 (ハッセの定理)　a, b を $4a^3 + 27b^2 \neq 0$ をみたす整数とする．p を $4a^3 + 27b^2$ と互いに素な5以上の素数とし，条件

$$y^2 \equiv x^3 + ax + b \pmod{p} \quad (0 \leq x, y \leq p-1)$$

をみたす整数の組 (x, y) の個数を N_p とおく．N_p は不等式

$$|p - N_p| \leq 2\sqrt{p}$$

をみたす．

何とも美しい定理ではないか！　ハッセの定理の美しさをじっくりと味わって

---

[1] 正確には，無限遠点 O を付け加えて考える必要がある．詳しくは §4 を参照．

いくことにしよう．

3　まずは鑑賞しよう

ハッセの定理 (定理 1) の美しさを味わうには，まずは，じっくりと鑑賞してみるとよい．

定理 1 は不等式

$$p - 2\sqrt{p} \leqq N_p \leqq p + 2\sqrt{p}$$

と同値である．p がとても大きいとき p に比べて $2\sqrt{p}$ はとても小さいから，定理 1 は N_p がほとんど p に等しく，

$$N_p = p + (誤差)$$

と書いたときの"誤差"が"とても小さい"ことを意味する．例えば，素数 $p = 100000000019$ に対し，$0 \leqq x, y \leqq p - 1$ をみたす組 (x, y) は全部で $p^2 = 10000000003800000000361$ 個もある．最新鋭のコンピュータを使っても，これだけの個数の組に対して条件式「$y^2 \equiv x^3 + ax + b \pmod{p}$」を確かめるのは現実的でない．しかし，定理 1 を使えば，N_p が狭い範囲

$$99999367563.467\cdots \leqq N_p \leqq 100000632474.532\cdots$$

に入ることがただちに分かってしまう．定理 1 をうまく使って N_p を効率よく計算することもでき，応用上も大切である．美しい定理は強力な武器にもなる．

もう少し別の角度から眺めてみよう．整数 s $(1 \leqq s \leqq p - 1)$ が p を法とした**平方剰余**であるとは，$s \equiv t^2 \pmod{p}$ をみたす整数 t が存在することをいう．例えば，$p = 7$ のときは mod 7 で

$$\begin{aligned}
1^2 &\equiv 1, \\
2^2 &\equiv 4, \\
3^2 &\equiv 9 \equiv 2, \\
4^2 &\equiv 16 \equiv 2, \\
5^2 &\equiv 25 \equiv 4, \\
6^2 &\equiv 36 \equiv 1
\end{aligned}$$

だから，$1, 2, 4$ は平方剰余であり，$3, 5, 6$ は平方剰余でない．一般に，奇素数 p に対し，平方剰余な s も平方剰余でない s も $\dfrac{p-1}{2}$ 個ずつあることが知られている[2]．楕円曲線に戻ろう．3 次式の値

$$x^3 + ax + b \qquad (0 \leqq x \leqq p-1)$$

のうち平方剰余なものはどの位あるだろうか？　もし $x^3 + ax + b$ が平方剰余なら，$x^3 + ax + b \equiv t^2 \pmod{p}$ をみたす整数 t $(1 \leqq t \leqq p-1)$ が存在し，$(x, y) = (x, t), (x, p-t)$ の 2 組が条件 $y^2 \equiv x^3 + ax + b \pmod{p}$ をみたす．したがって，もし，x $(0 \leqq x \leqq p-1)$ をランダムに選んだとき，$x^3 + ax + b$ が平方剰余になる確率が "ほぼ 50 %" であれば，N_p は p と "ほぼ等しい" と期待される．定理 1 は，この期待が "ほぼ正しい" ことを (誤差の精密な評価付きで) 主張している．

4　ハッセの定理の一般化

ハッセの定理をより深く味わうために，これを有限体上の楕円曲線の有理点の個数に関する定理に一般化しよう．前節と同様，p を 5 以上の素数とする．p を法として合同な整数を同一視することで，有限集合 $\mathbb{F}_p := \{0, 1, 2, \cdots, p-1\}$ に四則演算が定まる．$\mathbb{F}_p$ を位数 p の**有限体**という．また，p のベキ $q = p^n$ $(n \geqq 1)$ に対し，位数 q の有限体が (同型を除いて) 唯一つ存在し，それを $\mathbb{F}_q$ で表す[3]．

$\mathbb{F}_q$ 上の**楕円曲線**とは，$4a^3 + 27b^2 \neq 0$ をみたす $a, b \in \mathbb{F}_q$ に対して，

$$E := \{[X : Y : Z] \in \mathbb{P}^2 \mid Y^2 Z = X^3 + aXZ^2 + bZ^3\}$$

で定義された代数曲線のことをいう[4]．ここで $\mathbb{P}^2$ は射影空間 (比の集合) であり，$[X : Y : Z] = [\lambda X : \lambda Y : \lambda Z]$ $(\lambda \neq 0)$ が成り立つ．$O = [0 : 1 : 0] \in E$ を**無限遠点**という．$(x, y) \mapsto [x : y : 1]$ によって，$y^2 = x^3 + ax + b$ をみたす組 $(x, y) \in \mathbb{F}_q \times \mathbb{F}_q$ と無限遠点 O 以外の E の $\mathbb{F}_q$-**有理点**が一対一に対応する．(ここで，E の $\mathbb{F}_q$-有理点とは，$Y^2 Z = X^3 + aXZ^2 + bZ^3$ をみたす 3 つ組 (X, Y, Z)

---

[2] 原始根の存在定理から分かる．
[3] 具体的には，$\mathbb{F}_p$ に方程式 $X^q - X = 0$ の解を全部「付け加えた」ものが $\mathbb{F}_q$ である．
[4] 標数が 2 および 3 の体上の楕円曲線は，もう少し一般の形の 3 次方程式を用いて定義される．定理 2 は任意の有限体上の任意の楕円曲線に対してまったく同様の形で成立する．

($X, Y, Z \in \mathbb{F}_q$, $(X, Y, Z) \neq (0, 0, 0)$) から定まる $\mathbb{P}^2$ の点 $[X : Y : Z]$ のことである．$\lambda \in \mathbb{F}_q^\times$ に対し，(X, Y, Z) と $(\lambda X, \lambda Y, \lambda Z)$ は $\mathbb{P}^2$ の同じ点を定めることに注意せよ．) E の $\mathbb{F}_q$-有理点の集合を $E(\mathbb{F}_q)$ と書く．

定理 1 を次の形に一般化することができる．

定理 2 (ハッセの定理 (その 2))　E を有限体 $\mathbb{F}_q$ 上の楕円曲線とする．E の $\mathbb{F}_q$-有理点の個数 $\#E(\mathbb{F}_q)$ は不等式

$$\left|(q+1) - \#E(\mathbb{F}_q)\right| \leqq 2\sqrt{q}$$

をみたす[5]．

5　ハッセの定理の一般化 (続き)

ハッセの定理の一般化を続けよう．前節に引き続き E を有限体 $\mathbb{F}_q$ 上の楕円曲線とする．2 次方程式

$$T^2 - \bigl((q+1) - \#E(\mathbb{F}_q)\bigr)T + q = 0$$

の解 α, β を考えよう．

$$\left|(q+1) - \#E(\mathbb{F}_q)\right| \leqq 2\sqrt{q} \iff \bigl((q+1) - \#E(\mathbb{F}_q)\bigr)^2 - 4q \leqq 0$$

だから，定理 2 はこの 2 次方程式が重解を持つかまたは 2 つの異なる虚数解を持つことと同値である．定理 2 は α, β の複素絶対値が等しいこと，すなわち

$$|\alpha| = |\beta| = \sqrt{q}$$

とも同値である．また，各 $n \geq 1$ に対して E は $\mathbb{F}_{q^n}$ 上の楕円曲線を定めるが，このとき，E の $\mathbb{F}_{q^n}$-有理点の個数が α, β を用いて

$$\#E(\mathbb{F}_{q^n}) = (q^n + 1) - (\alpha^n + \beta^n)$$

と書けることが証明できる．$|\alpha^n| = q^{n/2}$，$|\beta^n| = q^{n/2}$ より E の $\mathbb{F}_{q^n}$-有理点の個数に関する不等式

---

[5] $\#E(\mathbb{F}_q)$ は無限遠点 O を込めて数えているので，定理 1 と異なり (q ではなく) $q+1$ との差をとる必要がある．

$$\left|(q^n+1) - \#E(\mathbb{F}_{q^n})\right| = |\alpha^n + \beta^n| \leq |\alpha^n| + |\beta^n| = 2q^{n/2}$$

が得られる．以上をまとめると，次の定理が得られる．

定理 3 (ハッセの定理 (その 3)) E を $\mathbb{F}_q$ 上の楕円曲線とする．このとき，複素数 $\alpha, \beta \in \mathbb{C}$ が存在し，以下の (1), (2) をみたす．

(1) $\#E(\mathbb{F}_{q^n}) = (q^n + 1) - (\alpha^n + \beta^n) \quad (n \geq 1)$
(2) $\alpha\beta = q, \quad |\alpha| = |\beta| = \sqrt{q}$

こうして，有限体 $\mathbb{F}_q$ 上の楕円曲線 E の背後に，E の整数論的性質をコントロールする複素数

$$\alpha, \beta \quad (\alpha\beta = q, \ |\alpha| = |\beta| = \sqrt{q})$$

が存在することが明らかになる．α, β は一体何者なのだろうか？　この α, β の正体を探ることが，ハッセの定理をより深く理解するための鍵となる．

6 ハッセの定理の証明

今日では定理 3 には様々な証明が知られているが，ここでは，その中でも私がもっとも美しいと思う証明を紹介しよう[6]．

証明の第一のポイントは，E に無限遠点 O を原点とした加法群の構造が入ること，そして**フロベニウス射**と呼ばれる準同型射

$$F: E \longrightarrow E, \qquad [X:Y:Z] \mapsto [X^q:Y^q:Z^q]$$

が存在することである．このとき，$\ker(1-F^n) = E(\mathbb{F}_{q^n})$ が確かめられる[7]．

第二のポイントは，E の ℓ **進テイト加群** (ℓ は q と互いに素な素数)

---

[6] 詳しくは [2] を参照．[3] には特別な場合のハッセの定理の証明 (ガウス和を使う) が解説されている．また，ハッセの定理の初等的証明 (マニンによる) が [1] に解説されている．(ただし初等的証明が美しい証明とは限らない！)

[7] $\mathbb{F}_{q^n}/\mathbb{F}_q$ はガロア拡大であり，そのガロア群は**フロベニウス写像** $\alpha \mapsto \alpha^q$ で生成される位数 n の巡回群であることから分かる．

$$T_\ell E := \{(P_m)_{m \geq 1} \mid P_m \in E(\overline{\mathbb{F}}_q),\ \ell P_1 = O,\ \ell P_{m+1} = P_m\}$$

が階数 2 の自由 $\mathbb{Z}_\ell$ 加群となることである．準同型射 $f\colon E \to E$ が誘導する $\mathbb{Z}_\ell$-線形写像を $f_\ell\colon T_\ell E \to T_\ell E$ と書く．次の (1)～(3) が成り立つ．

(1)　$\deg f = \det f_\ell$　（$\deg f$ は f の**次数**．$f \neq 0$ なら $\deg f$ は f に対応する関数体の拡大次数に等しい）

(2)　$\deg F = q$　（$F\colon E \to E$ はフロベニウス射）

(3)　$\deg(1 - F^n) = \#\ker(1 - F^n) = \#E(\mathbb{F}_{q^n})$

フロベニウス射 $F\colon E \to E$ が誘導する $\mathbb{Z}_\ell$-線形写像 $F_\ell\colon T_\ell E \to T_\ell E$ の固有値を α, β とおこう．$\alpha\beta = \det F_\ell = \deg F = q$ が分かる．また，

$$\#E(\mathbb{F}_{q^n}) = \deg(1 - F^n) = \det(1 - F_\ell^n) = (1 - \alpha^n)(1 - \beta^n)$$

だから，定理 3(1) が分かる．

等式 $|\alpha| = |\beta| = \sqrt{q}$ を示すにはもう一工夫必要である．$s, t \in \mathbb{Z}$, $t \neq 0$ に対して，射 $s - tF\colon E \to E$ を考える．すると，

$$0 \leqq \deg(s - tF) = \det(s - tF_\ell) = (s - t\alpha)(s - t\beta)$$

だから，$s/t = u$ とおくと 2 次関数

$$g(u) = (u - \alpha)(u - \beta) = u^2 - (\alpha + \beta)u + q$$

は u にどんな有理数を代入しても 0 以上である．したがって，$g(u)$ の判別式は 0 以下であり，2 次方程式 $g(u) = 0$ の解 α, β の複素絶対値が等しいことが分かる．$\alpha\beta = q$ だから $|\alpha| = |\beta| = \sqrt{q}$ が分かる．

7　ハッセの定理の歴史

ハッセ[8]は 20 世紀前半のドイツを代表する数学者の一人である．その研究は 2 次形式論，類体論，代数曲線論など多岐にわたる．ハッセの定理以外にも，ハッセ図式，ハッセ原理，ハッセ不変量など，ハッセの名前のついた定理や概念は多い．

　ハッセの定理は，もともとはリーマン予想の類似としてアルチンが予想したも

---

[8] Helmut Hasse (1898–1979)

のである．本来のリーマン予想はリーマンのゼータ関数

$$\zeta(s) := \frac{1}{1^2} + \frac{1}{2^s} + \frac{1}{3^s} + \frac{1}{4^s} + \frac{1}{5^s} + \cdots = \prod_{p:素数} \frac{1}{1-p^{-s}}$$

の零点の実部に関するものであるが，定理 3 は有限体 $\mathbb{F}_q$ 上の楕円曲線 E のハッセ-ヴェイユのゼータ関数

$$\zeta(s, E) := \exp\left(\sum_{m=1}^{\infty} \frac{\#E(\mathbb{F}_{q^m})}{m} q^{-ms}\right) = \frac{(1-\alpha q^{-s})(1-\beta q^{-s})}{(1-q^{-s})(1-q^{1-s})}$$

の零点 s が $\mathrm{Re}(s) = \frac{1}{2}$ をみたすことと同値である．

　ハッセの定理に対して，ハッセは 1930 年代に 2 通りの証明を与えた．1 つ目の証明は E を標数 0 の体上の虚数乗法を持つ楕円曲線に持ち上げて，「$(1-\pi)$ 分点の体の相互法則」を使う整数論的なものであった．2 つ目の証明は，次数写像 $\deg\colon \mathrm{End}(E) \to \mathbb{Z}$ から半正値 2 次形式が得られることを使う幾何学的なものであった．1940 年代に，ヴェイユはハッセの定理を高次元のアーベル多様体や任意の種数の代数曲線に一般化した．ヴェイユもまた 2 通りの証明を与えたが，それらはいずれも幾何学的なアイデアを本質的に用いるものであった[9]．ヴェイユはまた一般次元の代数多様体に対する予想 (ヴェイユ予想) を提出した．ヴェイユ予想はグロタンディークらによるエタールコホモロジーの基礎付けを経て，最終的に 1973 年にドゥリーニュによって解決された．今日では，ハッセの定理 (やその一般化であるヴェイユ予想) は様々な形に一般化されており，現代の数論幾何のもっとも深い部分をなしている．

8　ハッセの定理から見える風景

　定理 3 の証明を振り返ってみよう．複素数 α, β はフロベニウス射 $F\colon E \to E$ の ℓ 進テイト加群への作用 $F_\ell\colon T_\ell E \to T_\ell E$ の固有値という幾何学的な意味を持っていた[10]．有限体 $\mathbb{F}_q$ 上の 3 次方程式の解の個数や平方剰余の分布といった

---

[9] 代数曲線 C のヤコビ多様体 $\mathrm{Jac}(C)$ 上の対合の正値性を使うものと，代数曲面 $C \times C$ 上の交点理論 (ホッジ指数定理) を使うものの 2 通りの証明がある．

[10] それと同時に，α, β はハッセ-ヴェイユのゼータ関数 $\zeta(s, E)$ の零点の位置という整数論的な意味も持っていた．

整数論の問題が，F_ℓ という線形写像の問題に翻訳されてしまったことは注目に値する．テイト加群やエタールコホモロジーによる問題の「線形代数化」は**モチーフの理論や淡中圏の理論**へと大きく発展し，数論幾何のみならず数学のありとあらゆる分野に大きな影響を与え続けている．

定理 1 の設定に戻ろう．$a, b \in \mathbb{Z}$ を $4a^3 + 27b^2 \neq 0$ をみたす整数とする．$4a^3 + 27b^2$ と互いに素な 5 以上の素数 p に対して，

$$p - N_p = 2\sqrt{p}\cos\theta_p \quad (0 \leqq \theta_p \leqq \pi)$$

とおく．定理 1 の"誤差"を表す角度 $\{\theta_p\}_p$ が (楕円曲線が虚数乗法を持たなければ) $\dfrac{2}{\pi}\sin^2\theta$ のグラフの形に分布するというのが**佐藤-テイト予想**であり，2006 年にテイラーらによって多くの楕円曲線に対して解決された[11]．

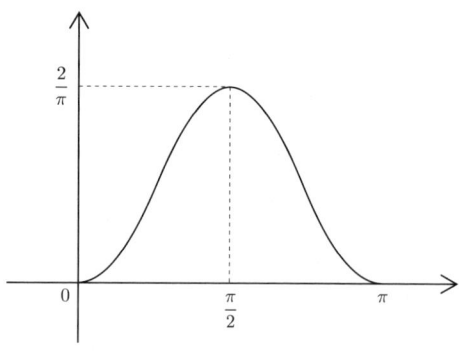

図 1　$\dfrac{2}{\pi}\sin^2\theta$ のグラフ

テイラーらによる佐藤-テイト予想の証明は，ワイルズによって突破口が開かれた谷山-志村予想やフェルマーの最終定理の証明の方法を発展させたものであり，$\mathbb{Q}$ 上の楕円曲線 E の ℓ 進テイト加群から定まる 2 次元**ガロア表現**

$$\rho_{E,\ell} \colon \mathrm{Gal}(\overline{\mathbb{Q}}/\mathbb{Q}) \longrightarrow \mathrm{GL}_2(\mathbb{Z}_\ell)$$

の対称積として得られる $(n+1)$ 次元ガロア表現

$$\mathrm{Sym}^n \rho_{E,\ell} \colon \mathrm{Gal}(\overline{\mathbb{Q}}/\mathbb{Q}) \longrightarrow \mathrm{GL}_{n+1}(\mathbb{Z}_\ell)$$

---

[11] 日本語の解説は [4] をご覧下さい．

に対して**非可換類体論** (**大域ラングランズ対応**) を (弱い形で) 確立することによる．佐藤-テイト予想の本質は対称積 $\mathrm{Sym}^n : \mathrm{GL}_2 \to \mathrm{GL}_{n+1}$ という線形代数的な写像が $\mathrm{GL}_2(\mathbb{A})$ と $\mathrm{GL}_{n+1}(\mathbb{A})$ の保型表現の間の対応を与えるという予想 (**ラングランズ関手性予想**)——保型表現の圏の「線形代数化」——にある．

ハッセの定理は美しい展望台であり，新たな理論・新たな世界を垣間見せてくれる．そこにもまた美しい風景が広がっているかもしれない．しかし，私たちにはまだ見えていないものも多い．証明された定理の何倍あるいは何十倍もの数の予想が提出され，そのどれもが絶望的に難しく，途方にくれることも多いのが実情である．ひょっとしたら，ハッセの定理という一筋の光をのぞいて，今日の私たちにはほとんど何も見えていないのかもしれない．美しい定理は深い暗闇と隣り合わせでもある．

9 おわりに

とりとめもなくハッセの定理の美しさについて語ってきました．整数の定理なのに，なぜか，$2\sqrt{p}$ という (ちょっと不思議な) 無理数が活躍する——こんなことに惹かれるようになったら，あなたはもう立派な「ハッセの定理ファン」かもしれません．

参考文献

[1] J. S. Chahal, B. Osserman *"The Riemann hypothesis for elliptic curves"*, Amer. Math. Monthly **115**, no.5 (2008), pp.431–442.

[2] J. H. Silverman *"The arithmetic of elliptic curves"*, Graduate Texts in Mathematics 106, Springer-Verlag, 1992.

[3] J. H. シルヴァーマン・J. テイト『楕円曲線論入門』(足立恒雄・小松啓一・木田雅成・田谷久雄訳)，シュプリンガー・フェアラーク東京，1995．

[4] 「フォーラム：現代数学のひろがり——佐藤-テイト予想の解決と展望」，『数学のたのしみ』2008 最終号，日本評論社．

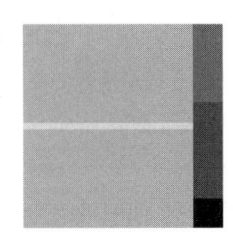

対称性の美

結晶群の分類

伊藤由佳理

1 群論との出会い

「群論」とはじめて出会ったのは，大学 2 年の夏休みだった．当時，理学部で同じクラスだった女子学生数名が「自主ゼミ合宿」に行くというので，一緒に参加したところ，数学のゼミのテーマが「群論」だったのである．群の定義に初めて触れ，その定義だけを用いて，いろんな性質がさらさらと出てくる代数学の面白さを知り，また，身近にある「群の例」を挙げてくれた物理学科の大学院生の話も興味深かった．合宿から帰ると，私は図書館で「群論」の本を借りて，続きを勉強し始めた．たまたま手に取った本には，群論の定義の直後に，正三角形の合同変換が例として挙げられており，群論を幾何学的に見るというアイデアに感動した．大学院に進学後も，無意識のうちに群の美しさに魅せられていたようで，現在，群が空間に作用するときに生じる特異点について研究している．

「群とは，対称性を代数的に記述する道具である」という事実を理解したのは，もっと後になってからである．当時は，物理学科や化学科の友人たちの口からも「群」という言葉を聞き，いろんな自然科学の中でも「群」はとても役立っていることは知っていたが，数学科の講義に出てくる「群」は，無味乾燥で面白くなかった．そこで本稿では，数学の通常の講義ではなかなか触れられることのない「結晶群の分類」について述べ，「群」が対称性の美しさを記述するすばらしい道具であることを紹介したい．またさらに，「群」が数学以外の自然科学だけでなく，芸術の世界にまで広がっていることも実感してもらえたら嬉しい．

2 群論入門

「群」は対称性を記述すると書いたが，図形などが「対称性をもつ」とは，ある軸を中心として回転したり，ある点を中心として反転したり，鏡に映す，など，ある操作 (合同変換) の後にはじめの状態と同じ状態になることをいう．これは幾何学的な説明であるが，「群」という代数学的な概念を使うと，この「対称性」がより明快に説明できる．

演算 $*$ について閉じている集合 G が次の 3 条件をみたすとき，**群**と呼ぶ．

(1) G の任意の 3 つの元 x, y, z に対して，$(x*y)*z = x*(y*z)$ が成り立つ．

(2) G の任意の元 x に対して $e*x = x*e = x$ をみたす G の元 e が存在する．この e を**単位元**と呼ぶ．

(3) G の任意の元 x に対して，$y*x = x*y = e$ をみたす G の元 y が存在する．この y を x の**逆元**と呼ぶ．

簡単な群の例としては，整数全体の集合 (演算は足し算) や 2 次元の一般線型群 (行列式が 0 でない 2 行 2 列の行列全体) などがあげられるが，ここではより幾何学的な例について見てみよう．

3 群と幾何学

群 G の元の個数を**位数**と呼ぶ．G の位数が有限のとき，**有限群**といい，位数が無限のときは，**無限群**という．

さて，有限群の例として，正多角形や正多面体を自分自身に移す合同変換の種類をさがしてみよう！ ここでは，各正多面体の重心を保ったまま自分自身に重なるような動かし方全体が「群」になることに注目する．それぞれの合同変換がどのくらいあるかを知るために，まず各正多面体の頂点，辺，面の数，面の形を調べてみるとよい．

(1) 平面上の正 n 角形：正 n 角形を $\dfrac{360}{n}$ 度回転すると自分自身に重なる．このような回転全体は n **次巡回群**と呼ばれる群をなす．

(2) 空間内の正 n 角形：これはもとの図形は上と同じであるが，空間内にあるので，裏返しの操作も合同変換になる．これらは位数 $2n$ の**二面体群**と呼ばれる群をなす．

(3) 正四面体：ひとつの面の三角形が自分自身に重なるような操作は 3 次の巡回群，面を他の面に移すのは 4 通りであり，合同変換は全部で 12 通りある．この群は**正四面体群**，あるいは **4 次交代群**と呼ばれる．

(4) 立方体：ひとつの面の正方形の頂点を他の頂点に移す操作は 4 次の巡回群，面を他の面に移す操作は 6 通りなので，全部で 24 通りの合同変換がある．これは**正六面体群** (**4 次対称群**) と呼ばれる．

(5) 正八面体：ひとつの面は正三角形，面の数は 8 なので，これも 24 通りの合同変換をもつ．実はこの図形の頂点と面の役割を入れ替えて考えると，立方体と同じ操作で自分自身に移る．つまりこの図形の合同変換群は正六面体群とまったく同じ群である．

(6) 正十二面体：ひとつの面は正五角形，面の数は 12 なので，全部で 60 通りの合同変換がある．この群は**正十二面体群** (**5 次交代群**) と呼ばれる．

(7) 正二十面体：ひとつの面は正三角形，面の数は 20 なので，合同変換群の位数は 60 となる．これもまた頂点と面の役割を交換して考えると，正十二面体群と同じ群であることがわかる．

注意 一般に，位数が等しいからといって，同じ群になるとはかぎらない．また，これ以外にも，図形の中の対称軸の数を数えて，それに関する対称移動の種類を数え上げることによって，合同変換をすべて求めることもできる．

以上では，正多角形や正多面体の場合について議論してきたが，身の回りにあるものの対称性も群によって分類することができる．たとえば，次の二つの家紋は，デザインは異なるが，それぞれの合同変換群は同じである．

図 1　桐と橘

4　2次元結晶群の分類

M.C. エッシャー (1898–1972) の絵は，美しいだけでなく，規則性が感じられる．実はここにも「群」が関わっているのである．

図2　M. C. エッシャー「白鳥」
All M.C.Escher works ⓒEscher Company B.V. -Baarn- the Nertherlands/ Huis Ten Bosch-Japan.

床に同じ形のタイルで敷き詰める，という状況を考える．このときタイルのデザインは無数に存在するが，模様の群としての種類は **2次元結晶群**として完全に分類されており，全部で17種類しかないことがわかっている．つまり次の事実が成り立つ．

定理1　2次元結晶群は全部で17種類ある．

この定理の証明は，1891年ロシアの結晶学者フェドロフによってはじめて与えられたことになっている．しかし，その証明以前に，その17種類のパターン全部がアルハンブラ宮殿のモザイクの中に描かれていたり，古代エジプト・古代中国などの様々な文様のデザインに現れていたりする．

数学的には，「結晶を不変に保つ変換」は空間内の2点の距離を変えない合同変換とみなせる．つまり，平行移動や回転，反転，鏡映という操作と対応している．ここでは，日本の伝統的な文様を例にあげながら，2次元結晶群の分類について

説明したい．

まず，2次元結晶群とは，実2次元平面上の等長変換からなる有限群である．つまり，長さや角度を保つユークリッド変換で不変な対称性を表す群である．以下に述べる文様にも17種類のすべてが使われており，**文様群**と呼ばれることもある．また壁紙や包装紙などにも現れるので，**壁紙群**とも呼ばれる．つまり，文様のような「2次元の結晶」を不変に保つ変換は，平面内の2点の距離を変えない合同変換とみなせる．次のことが知られている．

定理 2 実2次元平面上での等長変換は，恒等変換(何も動かさない変換)，平行移動，回転，鏡映，すべり鏡映の5種類である．

ここに出てくる変換について，もう少し詳しく述べておこう．

いま，2次元結晶は完全な状態で，無限に広がっていると仮定する．この一つ一つの「結晶の基本構造(一枚のタイル)」にあたる2次元格子に注目したとき，それを**平行移動**すると，また他の2次元格子と一致する．また，その平行移動の仕方は2次元の広がりを持つため，2方向ある．ちなみに前節の正多角形や正多面体の合同変換では，重心をとめた移動だけを考えていたので，平行移動は出てこなかった．

回転とは，ある1点を中心とした回転である．前章のn次巡回群を考えればよいが，平行移動して一致することを考慮すると，$n = 1, 2, 3, 4, 6$，つまり，回転なし，180度回転，120度回転，90度回転，60度回転の5種類しか現れない．2次元格子の形として，$n = 2$のときは縞模様の状態，$n = 3, 4, 6$のときは，それぞれ正三角形，正方形，正六角形のタイルを張り合わせた状態をイメージするとわかりやすい．分類記号では pn で表す．

さて，次に**鏡映**であるが，これは文字通り鏡に映して一致する変換で，後の分類記号では m で表す．2次元の場合は線対称であり，その対称軸を**鏡映軸**と呼ぶことにする．

最後の**すべり鏡映**は馴染みのない言葉かもしれないが，これは鏡映したものをさらに平行移動したものである．この鏡映軸を**すべり鏡映軸**と呼ぶことにし，分類記号では g で表す．

では，いよいよどのような群が現れるのか，具体的に見ていこう．

(1)　回転がない場合 (図 3)

$$\begin{cases} 鏡映がない \begin{cases} すべり鏡映がない\ (\text{p1}) \\ すべり鏡映がある\ (\text{pg}) \end{cases} \\ 鏡映がある \begin{cases} すべり鏡映軸は鏡映軸と一致する\ (\text{pm}) \\ 鏡映軸でないすべり鏡映軸が存在する\ (\text{cm}) \end{cases} \end{cases}$$

つまり，p1 は，平行移動しか持たない場合である．

(2)　180 度回転を持つ場合 (ただし 90 度回転，60 度回転は持たない) (図 4)

$$\begin{cases} 鏡映がない \begin{cases} すべり鏡映がない\ (\text{p2}) \\ すべり鏡映がある\ (\text{pgg}) \end{cases} \\ 鏡映がある \begin{cases} 2\ \text{つの鏡映軸が直交しない}\ (\text{pmg}) \\ 2\ \text{つの鏡映軸が直交する} \begin{cases} 回転の中心が鏡映軸上にある\ (\text{pmm}) \\ 回転の中心を通らない鏡映軸がある\ (\text{cmm}) \end{cases} \end{cases} \end{cases}$$

(3)　120 度回転を持つ場合 (ただし 60 度回転は持たない) (図 5)

$$\begin{cases} 鏡映がない\ (\text{p3}) \\ 鏡映がある \begin{cases} 回転の中心が鏡映軸上にある\ (\text{p3m1}) \\ 回転の中心を通らない鏡映軸がある\ (\text{p31m}) \end{cases} \end{cases}$$

(4)　90 度回転を持つ場合 (図 6)

$$\begin{cases} 鏡映がない\ (\text{p4}) \\ 鏡映がある \begin{cases} 2\ \text{つの鏡映軸が}\ 45\ \text{度で交わらない}\ (\text{p4g}) \\ 2\ \text{つの鏡映軸が}\ 45\ \text{度で交わる}\ (\text{p4m}) \end{cases} \end{cases}$$

(5)　60 度回転を持つ場合 (図 7)

$$\begin{cases} 鏡映がない\ (\text{p6}) \\ 鏡映がある\ (\text{p6m}) \end{cases}$$

図 3　回転なし：p1 (雷文), pg (波千鳥), pm (変り縞に牡丹蟹), cm (矢絣)

図 4　180 度回転：p2 (向鶴), pgg (分銅繋ぎ), pmg (芝翫縞), pmm (子持吉原繋ぎ), cmm (花菱)

図 5　120 度回転：p3 (巴紋), p3m1 ((正三角形の) 鱗), p31m (毘沙門亀甲)

図 6　90 度回転：p4 (六与太格子), p4g (紗綾型), p4m (七宝)

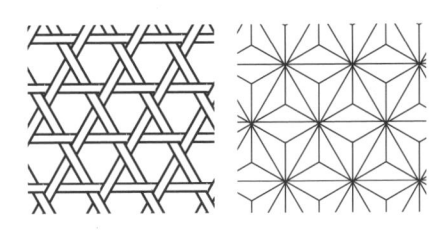

図 7　60 度回転：p6 (籠目), p6m (麻の葉)

　このようにして，2 次元の結晶群は 17 種類に分類されている．さらに，3 次元結晶群は 219 種類存在することが証明されている．ただし，3 次元の格子状配置は，19 世紀から結晶内の原子の配列を記述するのに使われており，対称性の群の分類に関する仕事の多くは 19 世紀の結晶学者によってなされおり，数学者が独自に考えていたわけではない．しかも数学的に分類された 3 次元の結晶の多くが，実際に自然界にも存在するそうである．対称性が高いと，安定性も高まるからであろうが，驚くべき事実であり，抽象的な代数学が現実世界とつながっている面白い例でもある．さらに 4 次元の結晶群は，4783 種類あることが知られている．
　この結晶群の分類が群論として役に立っているのが，生物や化学の分析で用いられるクロマトグラフィーである．つまり，未知の物質を解析する際，群論や量子力学を用いて，分子の構造決定ができるわけである．たとえば，ある生物から得られる成分が薬として有用である場合，その分子構造がわかると人工的に合成できる可能性が広がり，その生物を使わずに，工場で大量生産できるようになるのである．少々大げさにいうと，群論は自然界の保護にも役立っているのである．
　また余談になるが，野依良治氏のノーベル化学賞受賞のきっかけとなった研究は，鏡像対称な構造をもつ一対の結晶の一方だけを合成する方法である．自然界

には片方しか存在しないものでも，人工的に化学合成すると鏡像対称なものもできてしまう．しかしそれらは両方ともよいものとは限らない (たとえばサリドマイドなど)．そこで野依氏は，有用な一方だけを作り出す方法 (不斉合成法) を発明したのである．

またノーベル物理学賞受賞で話題になった小林・益川理論に登場する「対称性の破れ」もこの群の対称性と無縁ではい．私たちが住んでいるこの世界は，対称性が崩れることによって見えているという発想は，自然界に片方の結晶しか存在しない化学の話とも似ていて面白い．

数学では，あらゆる要因を取り除いた理想的な世界を扱っている．それに対して，他の自然科学は，現実世界の現象に注目する学問であり，上の 2 つの例のように，美しい数学的構造よりもむしろバランスの崩れたところが，魅力的な研究対象になるのかもしれない．

本稿で扱った「群」は，抽象代数の教科書の最初に登場する概念であるが，代数としてではなく幾何学的な見方をすることによって，身近にあるいろいろなものの美しさを「対称性」という性質で眺める楽しみを与えてくれる．そんな対称性の美しさについて数学的に描かれたヘルマン・ヴァイルの名著『シンメトリー』[5] もお勧めであるし，エッシャーの画集 [2] などを眺めるのも楽しい．また「現実世界の中の数学」として，身近に存在する 2 次元結晶群を探すのも面白い．幾何学的な対称性を群という代数的な手段で記述するという哲学で，群の分類に取り組んだクラインの名著『正 20 面体と 5 次方程式』[4] も魅力的な一冊である．

最後に，この文章の内容を大学で講義した際に出題したレポート問題で，エッシャーのようなすばらしい芸術作品が学生からたくさん集まり感激したものを述べて，締めくくりとしたい．

問題 2 次元の結晶群のいずれかを用いて，包装紙をデザインしてみよう！

参考文献

[1] 浅野啓三・永尾汎『群論』, 岩波書店 (岩波全書), 1965.

[2] M. C. エッシャー『M. C. ESCHER グラフィック』, TASCHEN, 2004.

[3] スタンリー・ガダー『教養のための数学の旅――新しい数学の世界 (1,2)』(和田秀之訳), 啓学出版, 1980.

[4] F. クライン『正 20 面体と 5 次方程式』(関口次郎訳), シュプリンガー・フェアラーク東京, 1997.

[5] ヘルマン・ヴァイル『シンメトリー』(遠山啓訳), 紀伊國屋書店, 1957.

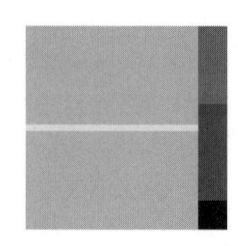

色褪せない定理たち
心に残る平面幾何の定理
牛瀧文宏

1　確か，中学生のころだった…

　折しもこの原稿のご依頼をいただいたころ，自分が通っていた学校が校舎を建て替えるというので，約四半世紀ぶりに母校を訪ねてみた．老朽化の上に，神戸の地震を経た校舎は継ぎ接ぎだらけの限界だと聞かされた．運動場から校舎の窓を見ていると，自分がその中にいるようで当時のことが回想される．今では数学を職業とするようになったが，自分がいろいろな数学の美しさにふれたのもこのころだったなと思った．若い読者もたくさんいらっしゃることだろうし，読者の中には数学の先生をされている方もいらっしゃるかもしれない．本書の趣旨とは違っているかもしれないが，そのような方に向けて当時のことを思い出す形で，小中学生の頃に初めて知った初等幾何の定理のうち，特に印象に残っているものについて，紹介したいと思う．

2　垂心定理

　言うまでもなく，垂心定理とは，

　定理　三角形の3本の垂線は共点である．

というものだ．そして，この交点が垂心である．
　一般に3本以上の直線が一点で交わる時，これらの直線は共点であるという．

また，3点以上の点が同一直線上にある時，これらの点は共線であるという．そして，共点や共線に関する定理を，それぞれ一般に共点定理，共線定理という．だから，垂心定理をはじめとする，三角形の五心に関する定理は，いずれも共点定理である．

中学校の頃は初等幾何の証明にハマっていた．証明問題を数多くこなしていると，証明の仕方にもコツがあることがわかってきて，自力で随分とできるようになるものだ．しかし垂心定理は違った．この定理とその証明を授業で習ったときは大変衝撃的だった．「なんやそれ!?」．これが証明への第一印象だった．その証明とは，次のようなものだ．

証明 図のように与えられた △ABC に対し，その各頂点を通って対辺に平行な直線を描き，それらの直線で囲まれた一回り大きな三角形を △PQR とする．このとき，A, B, C は QR, RP, PQ の中点となる．すると，△ABC の 3 本の垂線は △PQR の辺の垂直二等分線になるので，△PQR に外心定理を適用することで，△ABC の 3 本の垂線が一点で交わることがわかる．

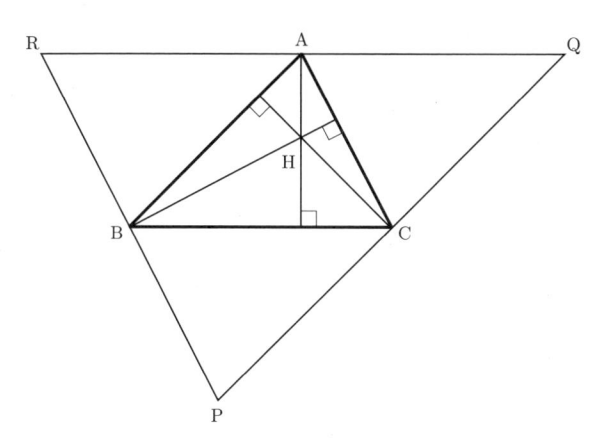

△ABC の垂心は △PQR の外心

今思っても，残りの五心についての定理の証明とは別格である．中学生の私は，自分の力では到底到達できないレベルの証明に圧倒されながらも，図形の調和，そして理論の積み重ねの見事さに，確かに美しさを感じていた．数学のおもしろさは，それまでいろいろと勉強をして体験していたが，美しさを味わったのは，こ

のときが初めてであったと思う．

3　グループ学習活動の中で …

中1，中2のときに数学を担任して頂いたS先生は大学を出たばかりの気鋭の先生で，いろいろなことを教えて頂いた．今思うとかなり破天荒な授業内容だった．中学校の学習内容をどんどんと膨らませるような授業を展開された．関数の学習と関連させて写像の概念を持ち込まれたり，数との関連では簡単な代数系の話，放物線との関連で円錐曲線論，連立一次方程式の解法の一つとして行列による掃き出し法やクラーメルの公式など，およそ中学校の授業内容とは無関係なことをどんどんと生徒たちに話された．おりしも「数学教育の現代化」時代がこのような授業に拍車をかけさせたのかもしれない．そんな先生だったから，確か中2の3学期の授業のうち週1回が生徒たちの調べ学習の時間に充てられて，グループごとに数学史を分担して調べ，発表をするということが行われた．「そのとき自分のグループで調べたことは…」，と続けたいところだが，残念ながらそうではない．

ある日，パスカルについて調べていたグループの友人が「パスカルの定理というのを知ってるか？」と尋ねてきた．もちろん，知るよしもなかった．彼は紙に書いて説明し，「パスカルが16歳の時に発見」と書いてくれた．このときに知ったパスカルの定理とは，

定理　円に内接する六角形の対辺の交点は共線である．

というものだ．

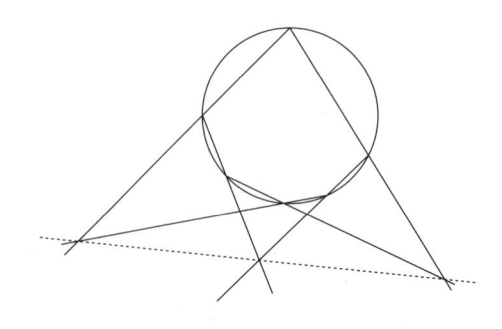

16歳という自分と2歳ほどしかかかわらない年齢に若干対抗意識を燃やしはした

ものの,「六角形」というそれまで定理の中ではお目にかかったことのない不思議な対象に驚き,ほどなくしてすぐにその美しさ,意外さに言葉を失ってしまった.「証明は?」と尋ねると「知らない」との答え.どうもその友人が使った文献には書かれていなかったようだ.逆に「できたら教えてくれ」と言われてしまった.ここは幾何好きの面目にかけてと思い,証明にチャレンジしたところメネラウスの定理とその逆を何度か使うことで証明にはこぎつけた.そして,その時はそれで終わってしまった.

しかし,程なくして授業でS先生が円錐曲線の話をされたのをきっかけとして,この定理の主張が一般の円錐曲線に対して成立することを知るようになる.もちろんそれは,パスカルの定理の主張の描かれている円を底面に持つ円錐を考えて,

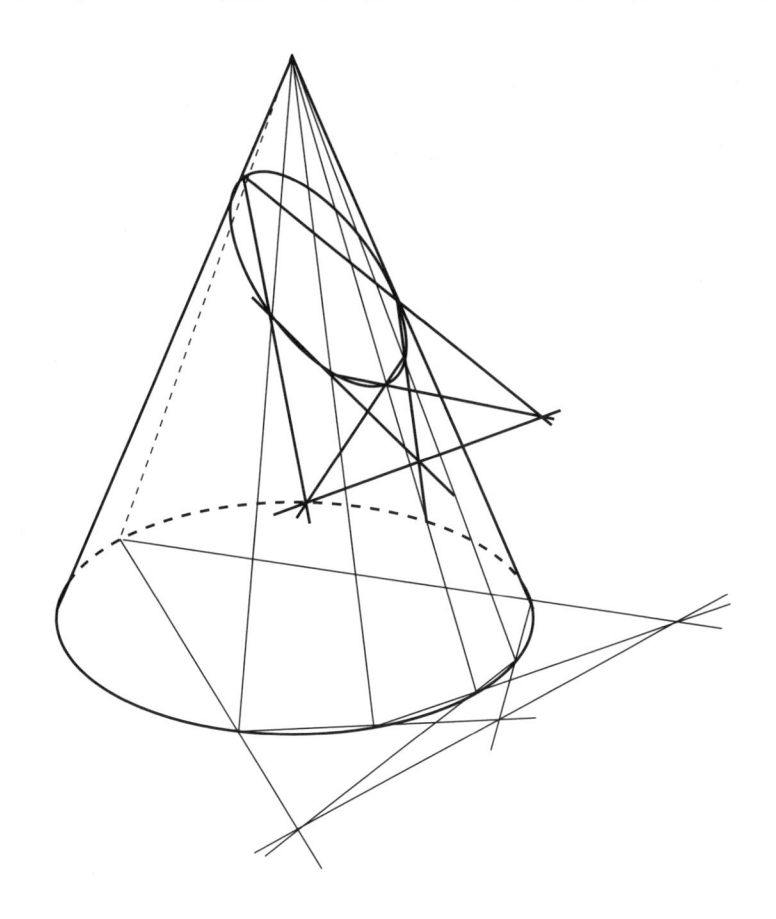

その円錐を斜めに切ることで，一般の円錐曲線に対してパスカルの定理が成り立つことがわかるというものである．

楕円も放物線も双曲線も円錐の切り口であると習ったときには，「そうなんだ」という感想を抱いたにすぎないが，「だからそこにはいろいろと共通した性質が成り立つ」といわれた言葉をきっかけとして体に電気が走ったような衝撃を覚え，同時に山の上に上って眼下を見渡したような美しさを感じた．

時が流れ大学進学後，射影幾何を知るようになり，パスカルの定理と再会する．このとき，パスカルの定理は円錐曲線上の任意の 6 点で成立することを知った[1]．そして，「複比」と呼ばれるものを使うことで，それが射影幾何学的に証明できることを学んだ．すべてが一つに統一されていくような，見事な証明に感銘を覚えた．

4 ピタゴラスの定理とその周辺

言うまでもなくピタゴラスの定理とは，

定理 直角三角形の斜辺の長さの平方は，残りの辺の長さの平方の和に等しい．

というものである．ピタゴラスの定理を初めて知ったのは，小学生の頃に図書館で読んだ数学の読み物だったと思う．髭面のピタゴラスの顔が印象的なページの記憶がうっすらと残っている．このとき，$c^2 = a^2 + b^2$ という簡単で対称性の高い式を「綺麗な式だなあ」と思った記憶がある．そして，直角三角形と $c^2 = a^2 + b^2$ という簡単な式が結びつくことに，えも言われぬ不思議さを覚えた．すぐさま「なぜ？」と知りたくなり，そこに書かれていた証明に目を通した．有名な正方形の等積変形を使う証明は追っていくのがやっとだったが，合同な直角三角形を 4 つ並べて，文字式で解決する方法がわかりやすく，「なるほど！」と思った．

後日，中学校に進学してからのことだった．本を読んでいて一つの別証明を知ることになった．「ピタゴラスの定理のもっとも補助線の少ない証明」として紹介されていたと思う．

---

[1] こちらは任意の 6 点であって，六角形に限定していない．たとえば，円錐曲線上の 6 点 A, B, C, D, E, F があるとき，A, B, C, D, E, F, A と結んでいくと，6 角形にならないで線分が交わってしまうような場合も含んでいる．

証明 C を直角とする直角三角形 ABC を考え，C から辺 AB におろした垂線の足を H とする．このとき，

$$\triangle CAH + \triangle BCH = \triangle BAC \tag{1}$$

が成り立つ．今，$\triangle CAH \backsim \triangle BCH \backsim \triangle BAC$ が成り立つので，それらの面積比は

$$\triangle CAH : \triangle BCH : \triangle BAC = CA^2 : BC^2 : BA^2 \tag{2}$$

である．(1), (2) より，ピタゴラスの定理が従う．

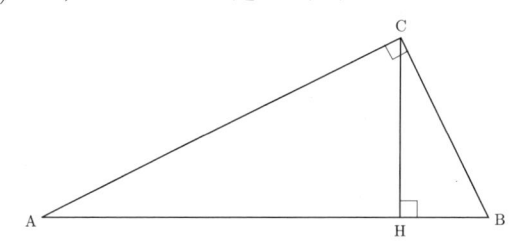

△BAC = △CAH + △BCH で証明になっている．

まさに，図形の中に証明が潜んでいた．不思議だと思っていたピタゴラスの定理が自分の手元におりて来て，このときはじめて，ピタゴラスの定理がわかった気がした．自分にとっては，忘れられない体験の一つだ[2]．

ピタゴラスの定理については，大学に入ってからも忘れられない出来事があった．それは，線形代数の授業中であった．たしか計量ベクトル空間の講義のときに言われた K 先生の次の一言である．

「ピタゴラスの定理というのは，直交条件と同値な条件を長さを使って述べているでしょ．これは角度と長さを結びつけた人類最初の重要な定理なんです」

正直これを聞いた時，そのスケールの大きな表現に驚いた．今思うと，この一言は「人類初」という誇張的な部分を除くと，数学を研究する者だと自然に出てくる見方である[3]．しかし，ピタゴラスの定理を計量のための道具と勝手に位置づけ，その一般化というと余弦定理くらいしか知らない大学生 1 年生にとっては，

---

[2] なお，最近読んだ J. M. Aarts 著 "*Plane and Solid Geometry*" (Reinié Erne 訳，Springer) によると，この証明はアインシュタインが少年のころに与えたものらしい．

[3] 言うまでもなく，大学の教員は教育者としての立場もある．教育者として，このように学生の印象に残る言葉が自然と出てくるかどうかは，もちろん別問題だ．

この一言は今日まで忘れらないものとなるほど，心に深く刻まれた．

そして，この言葉を聞いて，頭は別の場所を巡った．「正弦定理」である．大学に入る前は，余弦定理に比べて出番の少ない定理だと思っていたが，その美しさがわかったのもこのときだ．辺と角というまったく別の概念の間の関係を，比を用いることでこれほどまでにシンプルな形で数量的に記述し，しかもその比の値は外接円の半径という意味のある量になるという美しさに身震いした．ちなみに，正弦定理のこの美しさは，半径 R の外接円を持つ三角形 ABC において，高校で登場するような

$$\frac{a}{\sin A} = \frac{b}{\sin B} = \frac{c}{\sin C} = 2R$$

という形で書くよりも，

$$a : b : c = \sin A : \sin B : \sin C \qquad (比の値は 2R)$$

と表した方がその美がわかりやすい．

数学の研究や勉強をしていると，思いもよらないものの結びつきに遭遇することがある．それは，数学の大きな魅力である．そして実に美しい．早い段階から平面幾何の定理に触れたことで，そういう美に憧れを感じる精神的下地ができていた気がする．

5　なにが美しいの？

頂戴した紙面を借りて思い出話をつづってしまったが，結局，平面幾何の定理はどこが美しいのか？　この節を終えるに当たり，以上の話をもとに中学生の頃感じていたであろうことを，言葉にまとめてみたいと思う．

まず第一に，平面幾何の定理の内容やその証明自体の美しさである．私たちは見た目に明らかではない図形の性質に接すると驚きを感じる．そして「なぜだろう？」という気持ちから，関心は証明へと広がっていく．だがそのような定理や証明の中でも，とりわけ「美しい！」と感じたものは，そこに調和がとれている場合，緊張感をはらんでいる場合であったように思える．たとえば，ピタゴラスの定理の 3 項はいずれも辺の長さの平方で調和がとれているし，正弦定理における対辺対角の関連付けにはシンプルでわかりやすい対称性がある．しかもピタゴラスの定理にしても正弦定理にしても，長さと角度という異なる幾何学的対象の

間の相互関係をかくも均整のとれた式の中で表現している．まさに内容，形式ともに美しい．

このような一つ一つの定理や証明の美しさもさることながら，平面幾何にはそれらの積み重ねの美しさがある．これが第二の点である．定義と公理をもとに次々と定理が証明され，それらの積み重ねにより一大体系が築き上げられる点は圧巻である．しかもその一方で細部にも美しい理論の積み重ねが浸透している．垂心定理の証明に見る外心の利用のように，概念の相互関係にも心奪われるものがある．まさにそこには，細部まで芸の行き届いた壮麗な建造物を前にしたときに感じる美しさがある．

とはいうものの，以上の二点は平面幾何の定理に限ったことではない．職業的数学者は日々このような定理をそれぞれの分野で追い求めているし，これらは一般に数学が人を魅了する美しさの要件だろう．それでは一歩進めて，平面幾何特有の美しさは，いかなる点を備えているであろうか？

それはまず，平面幾何の定理は理解するためにさほどの予備知識を必要とせず，誰にでも見てわかるという点があげられるだろう．たとえば，共線定理や共点定理に見られる緊張感のある位置関係は神秘的でさえあり，証明は別としても，この定理の持つ絶妙のバランスは，誰の目にも美しく映るだろう．美しい景色を見たとき，美しい音楽を聴いたとき，美しい話を聞いたとき，言葉がなくても，美しさを感じることができる．先に感動があって，言葉は美しさを表現するための道具である．言語的な学問である数学にとって，これはなかなか難しいことかもしれないが，平面幾何については，言葉いらずで鑑賞できる．

その上平面幾何の定理には，その人の程度に応じてさまざまな角度から鑑賞できるものが多く，そのため数学を学び進めていく過程で，今まで知っていると思っていた定理にも新たな側面が見えてくることがある．先に話題にしたパスカルの定理での私の体験はその好例だろう．しかも平面幾何ではいろいろな証明を考えることが比較的容易で，それを通して定理の意味が見えたり，より深く理解できたりする．この例もピタゴラスの定理の「もっとも補助線の少ない証明」でご紹介した．

人生経験を積むにつめば，芸術への鑑賞が深まる．同様に平面幾何の場合は，数学経験を積むことで，美のいろいろな姿に触れ続けることができる．そして，今度はそれが数学経験となり，学習者を数学的に成長させる．この繰り返しだ．これこそが，いつまでも色褪せない美が平面幾何とともにあり続けるという証しである．

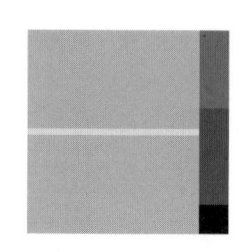

未開の大地への招待
くりこみ可能性の判定条件

大栗博司

1 場の量子論と数学

　数学にとって場の量子論は未開拓の大地である．場の量子論から生まれた，共形場の理論，ゲージ理論，ミラー対称性，Dブレーンなどの概念は，過去30年にわたって数学者と物理学者の活発な交流を促してきた．この交流は双方向的であり，数学が物理学の理論的技術の開発に役立つとともに，物理学の発見が数学の新しい発展を触発してきた [1]．しかし，この交流は皮相的でもある．場の量子論の数学的定式化がなされていないために，物理学者の発見は数学者には予想であり，その証明のためには，物理学者の持つ場の量子論に対する直感とは独立した数学的構造の構築がしばしば必要になる．

　2009年は場の量子論の生誕80周年に当たる [2]．場の量子論は，素粒子物理学の基本言語であるのみならず，超伝導など物質科学の多様な現象を説明し，天体の性質を解明し，宇宙の大規模構造の起源である宇宙背景輻射の揺らぎを予言した．また，最近の観測で存在が明らかになった宇宙の暗黒物質や暗黒エネルギーの本性を解き明かすためにも，場の量子論は必要不可欠の技術である．物理学においてこれほど中心的な役割をはたしている理論に，数学的な基礎が存在しないというのは，近代科学史上例を見ない事態である．

　場の量子論の数学的定式化ができていない理由は，「紫外発散」が存在するため，またそれを処理する「くりこみ」の方法が数学者になじみのない考え方であるためだと思う．そこでここでは，これらの紹介をし，とくに，くりこみ理論の中でも簡単に述べることができて，しかも深い内容を持つ「くりこみの判定条件」

について解説したい.

2008 年度にノーベル物理学賞を受賞した 3 氏は，全員が日本の出身であった．南部陽一郎は，第 2 次世界大戦直後に，量子電磁力学のくりこみ理論を完成しつつあった朝永振一郎のセミナーの参加者であった．一方，小林誠と益川敏英は名古屋大学の「坂田スクール」の卒業生である．坂田昌一は，「2 中間子論」や素粒子の「坂田模型」などの業績で有名であるが，くりこみ理論の先駆けとなった「凝集力の場」の理論を提唱するなど，場の量子論の基礎の確立にも重要な貢献をしている．ここで解説する「くりこみの判定条件」は，坂田昌一，梅沢博臣，亀淵迪の 1952 年の論文によるものである [3].

2 ガウス積分とファインマン図

現在は流通していないドイツ連邦共和国の 10 マルク紙幣には，ガウスの肖像とともにガウス分布が描かれていた (図 1). 正の実数 a についてガウス積分

$$Z_0(a) = \int_{-\infty}^{\infty} d\phi\, e^{-\frac{a}{2}\phi^2} = \sqrt{\frac{2\pi}{a}} \quad (1)$$

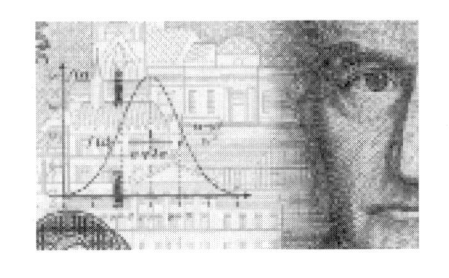

図 1 10 マルク紙幣にはガウス分布が描かれていた．

を計算するには，たとえば $Z_0(a)$ の 2 乗を考えて，2 次元積分を極座標で表せばよい．k を自然数として，(1) に ϕ^{2k} を挿入した次の積分は，(1) を a について微分することで計算できる．

$$\begin{aligned}\langle \phi^{2k} \rangle_0 &\equiv \frac{1}{Z_0(a)} \int_{-\infty}^{\infty} d\phi\, \phi^{2k} e^{-\frac{a}{2}\phi^2} \\ &= \frac{1}{Z_0(a)} \left(-2\frac{\partial}{\partial a}\right)^k Z_0(a) = \frac{(2k-1)!!}{a^k} \quad (2)\end{aligned}$$

ここで，$(2k-1)!! = 1 \cdot 3 \cdot 5 \cdots (2k-1)$ は $2k$ 個の元を k 組の対に分ける場合の数である．

ガウス積分を変形した次の積分を考えよう．

$$Z(a,g) = \int_{-\infty}^{\infty} d\phi \, e^{-\frac{a}{2}\phi^2 - \frac{g}{4!}\phi^4}. \qquad (3)$$

被積分関数を g について展開すると，

$$\begin{aligned}
Z(a,g) &= \int_{-\infty}^{\infty} d\phi \sum_{n=0}^{\infty} \frac{1}{n!} \left(-\frac{g}{4!}\phi^4\right)^n e^{-\frac{a}{2}\phi^2} \\
&\cong Z_0(a) \sum_{n=0}^{\infty} \frac{1}{n!} \left(-\frac{g}{4!}\right)^n \langle\phi^{4n}\rangle_0 \\
&= Z_0(a) \sum_{n=0}^{\infty} \frac{(4n-1)!!}{n!(4!)^n} \left(-\frac{g}{a^2}\right)^n \qquad (4)
\end{aligned}$$

となる．$n \gg 1$ のとき，$(4n-1)!!/n!(4!)^n \sim n^n$ なので，右辺の g についての収束半径は 0 である．もとの積分 (3) が収束しているのに，展開式 (4) が収束しないのは，計算の途中で積分と無限和とを入れ替えたためである．しかし，(4) 式で n についての和をある自然数 N で打ち切って N までの有限和を考えると，それと計算したい積分 $Z(a,g)$ との差は，g が小さいときには g^{N+1} で抑えられる．この意味で，g が小さいときには，展開式 (4) は積分 $Z(a,g)$ のよい近似を与えている．このような展開は一般には「漸近展開」，場の量子論の文献では「摂動展開」と呼ばれる．

4 本の線が集まる頂点を n 個用意し，全部で $4n$ 本の線を 2 本ずつ対にしてつないだ図を，この漸近展開のファインマン図と呼ぶ．対称性のある図はその位数で割って数えることにすると，$(4n-1)!!/n!(4!)^n$ はこのようなファインマン図の数に等しい．たとえば，頂点が 1 つの場合のファインマン図は 8 の字の形をしており，その対称性の位数は 8 である．実際に，$n=1$ のときには $(4n-1)!!/n!(4!)^n = 1/8$ であり，ファインマン図の重み 1/(位数) に一致している．場の量子論の文献では，(4) 式のような漸近展開のことを摂動展開と呼ぶ．

3 自由場

場の量子論の「場」とは，電場や磁場のように空間の各点に値を取るものである．空間の各点の場の値は独立なので，場は無限次元の自由度を持つ．場の量子論とはこの無限次元の空間の量子力学のことである．場の量子論は分野の総称であり，特定の例は「模型」と呼ばれるが，物理学者は「模型」のことを「理論」と呼ぶこともあるので注意が必要である．

前節のガウス積分とその変形の摂動展開の方法を場にあてはめようとすると、ただちに困難に直面する．しかし、すべてが失われるわけではない．これを見るために、(A_{ij}) を $N \times N$ の対称な正定値行列として、N 次元のガウス積分

$$Z_0(A) \equiv \int d^N\phi \, \exp\left(-\frac{1}{2}\sum_{i,j=1}^{N} A_{ij}\phi^i\phi^j\right) = \sqrt{\frac{(2\pi)^N}{\det A}} \tag{5}$$

$$\langle \phi^{i_1}\phi^{i_2}\cdots\phi^{i_{2k}}\rangle_0 \equiv \frac{1}{Z_0(A)}\int d^N\phi \, \phi^{i_1}\phi^{i_2}\cdots\phi^{i_{2k}} \exp\left(-\frac{1}{2}\sum_{i,j=1}^{N} A_{ij}\phi^i\phi^j\right)$$

$$= \frac{1}{2^k k!}\sum_{\sigma\in S_{2k}} A^{-1}_{\sigma(i_1)\sigma(i_2)}\cdots A^{-1}_{\sigma(i_{2k-1})\sigma(i_{2k})} \tag{6}$$

を考えよう．ここで、S_{2k} は $2k$ 個の元を入れ替える対称群であり、A^{-1} は A の逆行列である．ここで、$N\to\infty$ とする極限を取ると、分配関数と呼ばれる (5) 式は一般にはゼロか無限大になるが、相関関数と呼ばれる (6) 式はこの極限でも意味を持つ．場の量子論では、「分配関数」は量子状態の数を評価するために、「相関関数」はそれらの状態の波動関数の重ね合わせの様子を調べるのに便利な量である．

これで、場の量子論を議論する準備ができた．簡単のために、d 次元トーラス T^d 上の関数 $\phi : T^d \to \mathbb{R}$ を自由度とする模型を考える．まず、どのような種類の関数を考えるのかを指定しよう．トーラス T^d を商空間 $\mathbb{R}^d/\mathbb{Z}^d$ と考えて、$\mathbb{R}^d$ のデカルト座標 $(x^1,\cdots,x^d)$ を使うと、$\phi(x)$ は各々の方向について周期 1 なので、次のようにフーリエ展開することができる．

$$\phi(x) = \sum_{p\in 2\pi\mathbb{Z}^d} \varphi_p e^{ipx}, \qquad \varphi_p^* = \varphi_{-p}. \tag{7}$$

ここで $*$ は複素共役の記号であり、px は d 次元のベクトルである p と x のユークリッド空間における内積を取ることを意味する．トーラス上の関数の空間を指定するために、$2\pi\mathbb{Z}^d$ の中に半径 Λ の球

$$B^d(\Lambda) = \{p \in 2\pi\mathbb{Z}^d : p^2 \leq \Lambda^2\} \tag{8}$$

を導入する．$B_d(\Lambda)$ の元の数は有限であり、対応するフーリエ係数

$$D(\Lambda) = \{(\varphi_p)_{p\in 2\pi\mathbb{Z}^d} : p \in B_d(\Lambda) \text{ のとき } \varphi_p \in \mathbb{R},\ p \notin B_d(\Lambda) \text{ のとき } \varphi_p = 0\} \tag{9}$$

は有限次元である．そこで、$D(\Lambda)$ をフーリエ係数とする関数たちを考える．すなわち、$2\pi/\Lambda$ より波長の短いフーリエ係数を $\varphi_p = 0$ と凍結するのである．紫外

線が可視光より波長が短いことの類比から，Λ は紫外切断と呼ばれる．重要なことは，このような関数 $\phi(x)$ の空間が有限次元であるということである．

このような関数 $\phi(x)$ についての，2 次の汎関数 (関数の関数)

$$S_0(\phi, m) = \frac{1}{2} \int_{T^d} d^d x \left(\frac{1}{2} m^2 \phi^2 + \sum_{\mu=1}^{d} \frac{1}{2} \left(\frac{\partial \phi}{\partial x^\mu} \right)^2 \right) \tag{10}$$

が定義する模型を考える．ここで m は模型のパラメターであり，物理的には ϕ に対応する粒子の質量と解釈される．ここに (7) を代入すると，

$$S_0(\phi, m) = \sum_{p \in B_d(\Lambda)} \frac{1}{2} (m^2 + p^2) |\varphi_p|^2 \tag{11}$$

となり，この模型の分配関数は有限次元のガウス積分として，

$$Z_0(\Lambda) \equiv \int_{\varphi \in D(\Lambda)} d\varphi \, e^{-S_0(\phi, m)} = \prod_{p \in B_d(\Lambda)} \sqrt{\frac{2\pi}{m^2 + p^2}} \tag{12}$$

と計算できる．この分配関数は $\Lambda \to \infty$ で

$$\log Z_0(\Lambda) \sim -\frac{\Omega_{d-1}}{(2\pi)^d d} \Lambda^d \log \Lambda + O(\Lambda^d) \to -\infty \tag{13}$$

となる．ここで Ω_{d-1} は $(d-1)$ 次元単位球面の体積である．一方，(6) 式に対応する相関関数はこの極限で有限にとどまる．たとえば，2 点相関関数

$$\langle \phi(x) \phi(y) \rangle_\Lambda \equiv \frac{1}{Z_0(\Lambda)} \int_{\varphi \in D(\Lambda)} d\varphi \, \phi(x) \phi(y) e^{-S_0(\phi, m)} \tag{14}$$

は，$\Lambda \to \infty$ の極限で

$$\langle \phi(x) \phi(y) \rangle_{\Lambda = \infty} = \sum_{p \in 2\pi \mathbb{Z}^d} \frac{1}{m^2 + p^2} e^{ip(x-y)} \tag{15}$$

となり，これはクライン-ゴルドン方程式のグリーン関数である：

$$\left(m^2 - \frac{\partial^2}{\partial x^2} \right) \langle \phi(x) \phi(y) \rangle_{\Lambda = \infty} = \delta^n(x-y). \tag{16}$$

より一般の相関関数 $\langle \phi(x_1) \phi(x_2) \cdots \phi(x_{2k}) \rangle_{\Lambda = \infty}$ は，$2k$ 個の点 $x_1, x_2, \cdots, x_{2k}$ を 2 点ずつの対にして，対になった点をグリーン関数でつないだものである．対の取り方には $(2k-1)!!$ 個の可能性があり，これらのすべてについて和を取る．このように相関関数がグリーン関数の積の有限和で書ける模型は，自由場，もしくは自明な模型と呼ばれる．

4 くりこみ可能性

相互作用を導入するために,自由場のガウス積分を変形する.具体的には,(10) 式に $\phi(x)$ について 3 次以上の積からなる項を付け加え,

$$S(\phi; m, g_1, g_2, \cdots, g_Q)$$
$$= \int_{T^d} d^d x \left(\frac{1}{2} m^2 \phi^2 + \sum_{\mu=1}^{d} \frac{1}{2} \left(\frac{\partial \phi}{\partial x^\mu} \right)^2 + g_1 \phi^3 + g_2 \phi^4 + \cdots \right) \quad (17)$$

という一般化された汎関数を考える.右辺の $g_1 \phi^3 + g_2 \phi^4 + \cdots$ は,変形のために付け加えた相互作用項の例である.これらの項の係数 $g_1, g_2, \cdots, g_Q$ を相互作用の結合定数と呼ぶ.前節のように有限次元空間 $D(\Lambda)$ に制限した積分で,分配関数と相関関数を

$$Z(\Lambda; m, g_1, g_2, \cdots, g_Q) \equiv \int_{\varphi \in D(\Lambda)} d\varphi \, e^{-S(\phi; m, g_1, g_2, \cdots, g_Q)} \quad (18)$$

$$\langle \phi(x_1) \phi(x_2) \cdots \phi(x_k) \rangle_{\Lambda; m, g_1, g_2, \cdots, g_Q}$$
$$\equiv \frac{1}{Z(\Lambda)} \int_{\varphi \in D(\Lambda)} d\varphi \, \phi(x_1) \phi(x_2) \cdots \phi(x_k) e^{-S(\phi; m, g_1, g_2, \cdots, g_Q)} \quad (19)$$

と定義する.自由場の場合には,$\Lambda \to \infty$ で発散するのは分配関数 $\log Z_0(\Lambda)$ のみであり,相関関数 $\langle \phi(x_1) \phi(x_2) \cdots \phi(x_k) \rangle_\Lambda$ はこの極限で収束する.しかし,相互作用のある模型では,相関関数 (19) も一般に発散する.これが場の量子論の紫外発散の問題である.

質量 m や結合定数 $g_1, g_2, \cdots, g_Q$ を固定して,$\Lambda \to \infty$ とすると紫外発散の問題が起きた.では,これらの量に Λ 依存性を持たせたらどうであろうか.さらに,Λ に依存する係数 $C(\Lambda)$ を $\phi(x)$ にかけることで,発散を吸収する可能性もある.そこで,くりこみ可能性を次のように定義する.

定義(くりこみ可能性) 質量 m,結合定数 $g_1, g_2, \cdots, g_Q$ および $\phi(x)$ の係数 C を紫外切断 Λ の適当な関数に選んだとき,相関関数

$$C(\Lambda)^k \langle \phi(x_1) \phi(x_2) \cdots \phi(x_k) \rangle_{\Lambda; m(\Lambda), g_1(\Lambda), g_2(\Lambda), \cdots, g_Q(\Lambda)} \quad (20)$$

が $\Lambda \to \infty$ で収束し,しかもその極限が自明でなければ,その模型はくりこみ可能である.

積分 (19) を厳密に実行することは困難であり，物理学者は，結合定数 $g_1, g_2, \cdots, g_Q$ についての漸近展開，すなわち摂動展開による計算に頼ることが多い．そこで，摂動展開の下でのくりこみ可能性を定義する必要がある．

定義 (摂動展開の次数)　相互作用項は $\phi(x)$ について 3 次以上の積であるから，実数 ε に対し，

$$\varepsilon^{-2}S(\varepsilon\phi; m, g_1, g_2, \cdots g_Q) = S(\phi; m, \varepsilon^{\lambda_1}g_1, \varepsilon^{\lambda_2}g_2, \cdots, \varepsilon^{\lambda_Q}g_Q) \tag{21}$$

となる自然数 $\lambda_1, \lambda_2, \cdots, \lambda_Q$ が存在する．積分 (19) を結合定数 $g_1, g_2, \cdots, g_Q$ のべきで漸近展開したとき，$g_1^{n_1} g_2^{n_2} \cdots g_Q^{n_Q}$ に比例する項は摂動展開の次数 $n = \sum_i n_i \lambda_i$ を持つ．

定義 (摂動展開の下でのくりこみ可能性)　積分 (19) を摂動展開の次数 n の項まで計算したとき，質量 m，結合定数 $g_1, g_2, \cdots, g_Q$ および $\phi(x)$ の係数 C を紫外切断 Λ の適当な関数に選ぶことで，相関関数が $\Lambda \to \infty$ で収束し，しかもその極限が自明でないようにできたとする．これが任意の自然数 n について成り立つとき，その模型は摂動展開の下でくりこみ可能である．

最後に，くりこみ可能性の判定条件を定式化するために，質量次元の概念を導入する．

定義 (質量次元)　質量次元とは，次の条件を満たす数のことである．
1. 微分作用素 $\partial_\mu, \phi(x), m, g_1, g_2, \cdots, g_Q$ の各々に定められた数である．
2. これらの積に対する質量次元は，和で与えられるものとする．
3. 微分作用素 ∂_μ の質量次元は 1 である．
4. (17) 式の被積分関数の質量次元は d である．

この定義によると，$\phi(x)$ の質量次元は $(d-2)/2$，質量 m の質量次元は 1 である．また，たとえば，(17) 式の右辺の結合定数 g_1 と g_2 の質量次元はそれぞれ $(3-d/2)$ と $(4-d)$ である．これでくりこみ可能性の判定条件に関する，坂田・梅沢・亀淵の定理を述べることができる．摂動展開の下での十分条件であること

に注意する．

定理 (くりこみ可能性の判定条件)　質量次元が正またはゼロの可能な結合定数をすべて含み，質量次元が負の結合定数を含まない模型は，摂動展開の下でくりこみ可能である．

くりこみ可能な模型の結合定数の数は，$d>2$ では有限である．たとえば，$d=4$ のときには，ϕ^3 と ϕ^4 はくりこみ可能な相互作用であるが，ϕ^5 もしくはそれより高いべきの相互作用はくりこみ不可能である．一方 $d=2$ の場合には $\phi(x)$ の質量次元がゼロになるので，くりこみ可能な相互作用が無限個ある．

この定理は，ファインマン図の組み合わせ論的な解析を使って証明された．2節でみたように，ϕ^4 の相互作用を k 回使ったファインマン図の数は，$n \gg 1$ で n^n のように増加するので，これらのファインマン図のすべての発散が，結合定数と $\phi(x)$ の係数に吸収できることを示すことは容易ではない．特に，重複した部分図が両方発散する場合の取り扱いは，くりこみを初めて勉強するときの山場である．この定理は，くりこみ可能性という場の量子論の整合性に係る重要な性質が，ファインマン図の複雑な分析を経たうえで，質量次元の勘定という簡単な判定条件に帰着する点が見事である．なぜこのような奇跡が起きるのかは，ウィルソンによる低エネルギー有効理論の考え方によって明らかになった．これについては，次の節で議論する．

ここでは $\phi(x)$ という場のみからなる模型について考えたが，スピノル場やゲージ場を含むより一般の模型でも，質量次元の勘定だけでくりこみ可能性が判定できる．アインシュタインの一般相対性理論は，4 次元では結合定数 (ニュートンの重力定数) が負の質量次元を持つので，この判定条件を満たさない．

5　低エネルギー有効理論

ここで解説したくりこみ理論は，結合定数についての漸近展開にもとづくものである．くりこみは結合定数を紫外切断 Λ の関数とするので，注意深い読者は，$\Lambda \to \infty$ の極限で結合定数がどうなるのかが気になっているかもしれない．1955 年にランダウは，量子電磁力学 (電磁場と電子の量子論) の結合定数は，Λ の関数

として増加し，Λ のある値で無限大になることを指摘した [4]．逆に，結合定数が有限の Λ で発散しないことを要請すると，量子電磁力学は自明な理論になる．このいわゆるランダウ特異点の発見により，すでに強い相互作用をする素粒子の記述に困難をきたしていた場の量子論の信頼性は一挙に失墜した．

素粒子物理学における場の量子論の再生は，1970 年代の初めにトフーフトとベルトマンが，ゲージ場を自由度とする模型であるヤン–ミルズ理論のくりこみ可能性を証明し，1973 年にグロス，ウィルチェック，ポリツァーが，その漸近的自由性を発見したことに始まる．漸近的自由性とは，$\Lambda \to \infty$ の極限で結合定数がゼロに収束することを意味する．これは，ランダウ特異点を持つ量子電磁力学とは逆の状況である．このため，ヤン–ミルズ理論には数学的定義が可能であると期待されている．ゲージ理論のくりこみ可能性と漸近自由性の発見に対し，トフーフトとベルトマンは 1999 年に，グロス，ウィルチェック，ポリツァーは 2004 年に，ノーベル物理学賞を受賞している．クレイ数学研究所は，2000 年に千年紀を記念して提起した 7 つの「ミレニアム問題」の 1 問として，ヤン–ミルズ理論を数学的に定式化し，その模型の真空と励起状態のエネルギーの間に有限の幅があることを証明することを求めている [5]．

では，ランダウ特異点をもつ量子電磁力学は存在しないのか．電子の磁気双極モーメントはもっとも精密に測定されている物理量の 1 つである．量子電磁力学を使うとこの量を 10 桁以上の精度で計算することができ，その結果は最新の実験と誤差の範囲で完璧に一致している．このように精緻な模型は，何らかの意味で存在しているはずである．物理学の理論は常に真実の近似である．量子電磁力学は素粒子の「標準模型」と呼ばれる場の量子論[1]の近似であり，その「標準模型」自身はさらに根源的な模型の近似であると考えられている．このような近似的模型は，低エネルギー有効理論と呼ばれる．低エネルギー有効理論が漸近的自由性を持つ必然性はない．有効理論は高いエネルギーでは別な模型に置き換えられるので，紫外切断 Λ がそのエネルギーを超えたところまで模型が整合性を保つべきだと要求する理由がないのである．

低エネルギー有効理論の考え方を発展させたのはウィルソンである [6]．ウィル

---

[1] 2008 年度にノーベル物理学賞を受賞した南部，小林，益川の 3 氏は，「標準模型」の建設に大きく貢献した．3 氏の業績と「標準理論」の関係については，雑誌『科学』の 2009 年 1 月号に掲載された筆者の解説記事「素粒子論の 50 年——対称性の破れを中心に」を参照されたい．

ソン理論によると，有効理論は十分低いエネルギーでは必然的にくりこみ可能になる[2]．実際に，量子電磁力学は「標準模型」の低エネルギー有効理論であるが，それ自身くりこみ可能である．また，ウィルソン理論を使うと，ファインマン図の組み合わせ論的解析を経なくても，くりこみ可能性の判定条件が質量次元の勘定に帰着することを示すことができる [7]．ハイゼンベルグは 1939 年の論文 [8] で，素粒子の内部構造を無視できる模型とできない模型の分類を提案していた．この解説の焦点である坂田，梅沢，亀淵の 1952 年の論文 [2] は，くりこみ可能性の判定条件を導出した後で，この条件がハイゼンベルグの分類と一致していることを指摘している．くりこみ可能な理論では，素粒子の内部構造は無視できる．これは低エネルギー有効理論の概念の萌芽となる考え方である．ウィルソン理論の約 20 年前のことであった．

くりこみ可能性は，より根源的な模型が何であるかを知らなくても，それを近似する低エネルギー有効理論を使って十分に精密な計算ができることを保証する．物理的世界には階層構造があって，各々のエネルギースケールには，それぞれ特有な現象とそれを支配する法則がある．近代科学の基礎である還元主義が成り立つのは，より高いエネルギースケールの法則がより根源的だからである．くりこみ理論は，この物理的世界の基本的事実を場の量子論の言葉で表現したものと言える．

謝辞

この解説の原稿に有益なコメントを頂いた園田英徳，土屋昭博，服部哲弥，東島清，古田幹雄の各氏に感謝します．

文献案内

くりこみ理論の教科書としてはコリンズ [9] が標準的である．さらに深く理解したい人にはワインバーグ [10]，日本語の教科書としては西島 [11] と九後 [12] を薦める．数学者にはコンヌ-マルコリ [13] の第 1 章が読みやすいかもしれない．また，くりこみ可能な相互作用が無限個存在する $n=2$ の場合の解説としては，フリーダンの博士論文 [14] を推薦する．

---

2) 「十分低いエネルギーでは」という条件は重要である．たとえば，中性子のベータ崩壊を記述するフェルミの理論は「標準理論」の近似であるが，くりこみ可能でない．

[1] 大栗博司「幾何学から物理学へ，物理学から幾何学へ」，『数理科学』2009年4月号 (特集「現代数学はいかに使われているか」).

[2] W. Heisenberg, W. Pauli "Zur Quantentheorie der Wellenfelder", Z. Phys. **56** (1929), pp.1–61.

[3] S. Sakata, H. Umezawa, S. Kamefuchi "On the Structure of the Interaction of the Elementary Particles, I: The Renormalizability of the Interaction", Prog. Theor. Phys. **7** (1952), pp.377–390.

[4] L. D. Landau, "On the Quantum Theory of Fields" in "Niels Bohr and the Development of Physics", ed. W. Pauli, Pergamon, 1955.

[5] ヤン–ミルズ問題の正確な定式化については，クレイ数学研究所のウェッブサイト：http://www.claymath.org/millennium/Yang-Mills_Theory/yangmills.pdf を参照.

[6] K. G. Wilson "Renormalization Group and Critical Phenomena", Phys. Rev. **B4** (1971), pp.3174–3183; K. G. Wilson, J. G. Kogut "The Renormalization Group and the epsilon Expansion", Phys. Reports **12** (1974), pp.75–200.

[7] J. Polchinski "Renormalization and Effective Lagrangians", Nucl. Phys. **B231** (1984), pp.269–295.

[8] W. Heisenberg, Solvay Ber. Kap. III, IV (1939).

[9] J. C. Collins "Renormalization: An Introduction to Renormalization, the Renormalization Group and the Operator Product Expansion", Cambridge, 1986.

[10] S. Weinberg "The Quantum Theory of Fields," 3 volumes, Cambridge, 2005.

[11] 西島和彦『場の量子論』，紀伊國屋数学叢書，1987.

[12] 九後汰一郎『ゲージ場の量子論』全2巻，培風館新物理学シリーズ，1989.

[13] A. Connes, M. Marcolli "Noncommutative Geometry, Quantum Fields and Motives", American Mathematical Society, 2007.

[14] D. Friedan "Nonlinear Models in Two+Epsilon Dimensions", Annals Phys. **163** (1985), pp.318–419.

閉曲面の分類とオイラー標数

閉曲面の分類定理，オイラー標数

川﨑徹郎

1 閉曲面

　後には，もっと範囲を拡げるのですが，まず，ユークリッド空間における滑らかな曲面を考えてみましょう．たとえば，平面，球面，トーラスなどがあります．トーラスとは，いわゆるドーナツ面で，zx 平面の z 軸と離れたところに円周を置き，z 軸に関して回転して得られる回転面です．g 個のトーラスをつなげると，g 人乗りの浮き輪のような曲面が得られます．

　このような曲面に対して，**同相写像**ということを考えます．同相写像とは 2 つの曲面 X,Y の間の写像 $f: X \to Y$ で次の条件を満たすものです．まず，f は全単射，すなわち，点どうしの 1:1 対応で，さらに，X の各点 p に対し，q が p に十分近ければ，その像 $f(q)$ は $f(p)$ に近いし，同時に，$f(q)$ が $f(p)$ に十分近い点ならば，q は p に近いという性質を持っているものです．

　たとえば，平面の極座標表示を考えて，P(r,θ) に対し，円柱上の点 Q$(\cos\theta, \sin\theta, \log r)$ を対応させると，平面から原点を除いた部分から，円柱面への同相写像になります．原点に近い部分は円柱の下の方に対応することになります．原点から遠い部分は円柱の上の方に対応します．

　空間における，粘土細工のような連続的変形は同相写像を定めます．ただし，離れた部分をくっつけたり，一部を引き伸ばしてちぎったりしてはいけません．一部を引き伸ばすだけならいいのです．トーラスを粘土で作り，一部をふくらまして，球体にハンドルをつけた形にすることができます．さらに球体の一部を凹ませて，コーヒーカップの形にすることができます．これは，トーラスとコーヒー

カップの表面の間の同相写像を構成したことになります.

　実は,ちぎっても,後で元通りに貼り付ければ,同相写像になります.たとえば,トーラスを細くして,輪ゴムのようにします.1箇所に切れ目を入れて,ひも状のものをつくります.そのひもを結んで,結び目を作り,両端を正確に元通りの対応で接着します.このようにすれば,普通のトーラスと結んだトーラスの間の同相写像が得られるのです.

　2つの曲面 X, Y の間に同相写像 $f : X \to Y$ が存在するとき,X と Y は**同相**であるといいます.逆写像 $f^{-1} : Y \to X$ も同相写像で,X と Y, Y と Z が同相のとき,X と Z も同相ですから,同相であるという関係はユークリッド空間の曲面の間の同値関係になります.

　閉曲面の位相的分類というのはこの同値類に関する定理なのですが,このとき,閉曲面とは何か,曲面とは何かということをはっきり述べないと定理を述べたことにはなりません.ところが,これは少し困難な作業なのです.準備が必要です.

　滑らかな曲面を得る方法のひとつとして,関数のグラフを考えることができます.$f(x, y)$ を2変数の微分可能関数とします.するとそのグラフ $z = f(x, y)$ は滑らかな曲面になります.変数を入れ替えた $x = f(y, z)$ や $y = f(z, x)$ も滑らかな曲面になります.このような曲面をグラフ型の曲面ということにします.

　一般に,ユークリッド空間の部分集合 X が滑らかに埋め込まれた曲面であるとは次のようなときです.すなわち,X の各点 p において,p に十分近い部分だけ考えるとき,グラフ型の曲面になっているとするのです.どの変数が残り2つの変数の従属変数になっているかは,p の位置によって変わってもいいのです.

　続いて,閉曲面を定義します.X を滑らかな曲面とし,p を X に属さない点とするとき,p が X の境界点であるとは p のいくらでも近くに X の点が存在するときとします.すなわち,X の点列 p_n で p に収束するものが存在するときです.境界点のつくる集合を**境界**といいます.境界とは,そこまでが曲面で,その先には曲面がないという点の集まりです.たとえば,平面の一部である円板 $\{(x, y, 0) \mid x^2 + y^2 < 1\}$ においては円周 $\{(x, y, 0) \mid x^2 + y^2 = 1\}$ が境界になります.

　曲面のうち,境界がなく,有限の範囲に含まれるもの (すなわち,有界なもの) を閉曲面といいます.

　球面やトーラスは閉曲面です.平面や円柱は閉曲面ではありません.有界でないからです.平面や円柱を有限の範囲で切ったものには境界があり,それらも閉

曲面ではありません．

閉曲面の位相的分類の定理の一部 (半分) は次のように表せます．

定理　滑らかに埋め込まれた閉曲面は球面か g 人乗りの浮き輪のような曲面のいずれか1つに同相になります．

後者のとき，この g は**種数**といわれ，このような曲面を種数 g の閉曲面と呼びます．

2　自己交差のある閉曲面

滑らかに埋め込まれた閉曲面以外にも重要な閉曲面があります．ひとつのカテゴリーを見落としているのです．閉曲面ではありませんが，**メビウスの帯**と呼ばれる曲面があります．細長い長方形の両端を貼り付けると，円環帯といわれるベルト状の曲面が得られます．貼り付けるとき，正しい向きに貼らずに，180°ひねって貼り付けるとメビウスの帯が得られます．今まで述べた曲面には表と裏の区別があります．模型をつくって，表を赤に，裏を白にペンキを塗ることができます．ところが，メビウスの帯にこのようなことをすると，赤と白が混ざってしまいます．このような曲面を**向き付け不可能曲面**といいます．従来の，裏表の塗り分けのできる曲面は**向き付け可能曲面**といいます．

では，向き付け不可能な閉曲面は存在するでしょうか．前節で述べた定理は滑らかに埋め込まれた閉曲面ではそのようなものはないと主張しています．しかし，自己交差を認めると，存在するのです．**クラインの壺**がそのような例です (下図)．

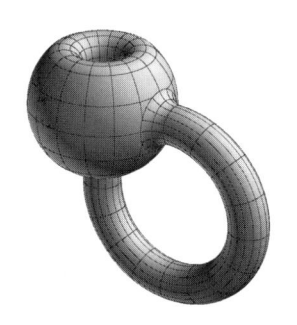

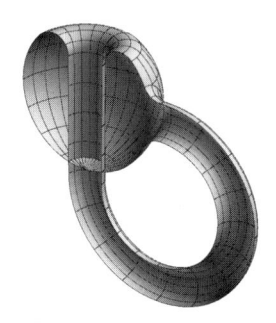

自己交差とは，その各点に対し，十分近い部分だけ考えるとき，いくつかの滑らかに埋め込まれた曲面が交わっている状況をいいます．ここで認める自己交差は必要最小限のものとします．平行でない2つの平面の交わりのような **2 重線** と，1点で交わる3平面のような **3 重点** だけを認めることにします．3重点は3本の2重線の交わりになります．実は，任意の自己交差をもつ滑らかな曲面はこのような型の自己交差だけをもつように変形できることが知られています．

自己交差のある曲面に対しても，同様に閉曲面の概念を定めることができます．クラインの壺は2重線のみをもつ閉曲面です．

3重点をもつ閉曲面の例として，**ボーイの曲面** があります．この曲面は1つだけ3重点をもっています．そこを通る3枚の曲面を座標空間における xy, yz, zx の3平面に対応させましょう．2重線は x, y, z 軸に対応します．x 軸の正の方向から出る2重線は y 軸の負の部分につながります．後は循環的に，y 軸正と z 軸負，z 軸正と x 軸負をつなぎます．これが自己交差のすべてです．これらの3つの輪に金魚すくいの網のように膜を張ると，自己交差の近傍の様子が定まります．近傍の境界に曲面を貼れば，ボーイの曲面が完成します (下図)．

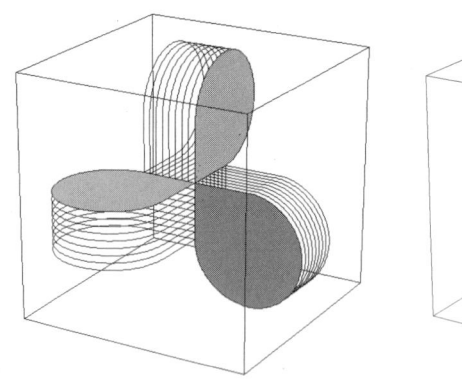

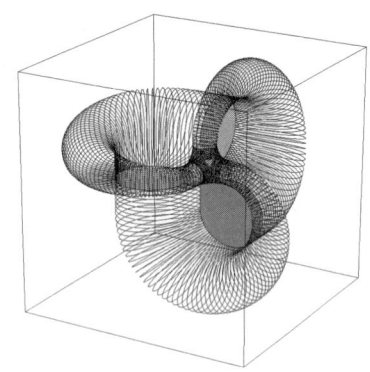

ボーイの曲面の構成を追っていくと，ボーイの曲面から1点を除いたものはメビウスの帯に同相であることが分かります．クラインの壺には鏡面対称性があり，対称面で切ると，2つのメビウスの帯に分かれます．このことから，クラインの壺は2個のボーイの曲面をつなげたものと同相であることが分かります．すなわち，ボーイの曲面の方が，より基本的なのです．ボーイの曲面は射影幾何の点の全体のつくる抽象的な空間である射影平面と同相になることが知られています．

以上でようやく，**閉曲面の位相的分類定理**を述べることができるようになりました．

定理 自己交差のある閉曲面は，向き付け可能のとき，球面か g 人乗りの浮き輪のような曲面のいずれか 1 つに同相になります．向き付け不可能のときは，g 個のボーイの曲面をつなげたもののいずれか 1 つに同相になります．

向き付け不可能の場合も，この g は種数といわれ，この曲面を種数 g の向き付け不可能閉曲面と呼びます．

3 分類定理の証明

閉曲面の位相的分類の定理の証明には三角形分割という画期的なアイディアを用います．それは，今まで曲面上をはいまわるアリの目で曲面を見ていたものが，突然，羽アリになり，スペースシャトルの視点から，地上のガラス細工の曲面を見るような違いがあります．

三角形分割のアイディアはごく自然なもので，曲面を小さな三角形を面とする多面体で近似しようというものです．連続関数のグラフを折れ線で近似することからも，自然に思い浮かびます．CG で 3D 動画をつくるとき，ポリゴンを用いるのと同じ考えです．しかし，その同相類 (それと同相な曲面) を考えるとき，その自由さが際立ちます．前に，曲面は一度切断して変形しても，もとのようにつなげば同相であると述べましたが，そうすると，三角形を一度ばらばらにしても，つながり方さえ憶えておけば，もとの曲面と同相なものができることになります．たとえば，球面は正四面体 0123 と同相ですから，4 つの三角形 012, 013, 023, 123 に分けることができます．ここで，べつべつの三角形 012 と 013 をあらためて辺 01 で貼り付けます．さらに，辺 02 で三角形 023 を貼り付けます．このようにしていくと，もとの球面と同相な図形が得られます．このように考えると，もう，4 つの頂点 0, 1, 2, 3 の位置は忘れていいことに気がつきます．ようするに，空間の中に 4 点 $0', 1', 2', 3'$ を一般の位置に，すなわち，1 平面に含まれないようにとれば，正四面体 $0'1'2'3'$ の表面は球面と同相なわけです．ですから，0, 1, 2, 3 はもはや空間の点でなく，抽象的な記号でいいわけです．抽象的な記号の羅列

012, 013, 023, 123 が球面と同相な空間を定めているのです.

一般に, V 個の抽象的な点 $0, 1, 2, \cdots, V-1$ をとり, それらを頂点とする抽象的な三角形をいくつか定めたもの $K = \{012, \cdots, v_0 v_1 v_2, \cdots\}$ を複体と呼びます. すべての複体が閉曲面を表しているとは限りません. 複体が閉曲面を表す条件は

（1） すべての辺はちょうど 2 つの三角形の共通辺であることと
（2） すべての頂点はちょうど 1 まわりの三角形の共通頂点であること

です. 閉曲面を表す複体はこの条件を満たしています. 実は, 定理の証明では, この (1), (2) の条件を満たす複体が定理に述べられた閉曲面のいずれかに同相になることを示します. どのようなアイディアが用いられるのか解説しましょう.

与えられた三角形を, 一旦, バラバラにするのですが, ふたたびつなげていきます. しかし, こんどは, 一度に, 1 辺ずつ貼り付けていきます. まず, 三角形 T_1 を任意に選びます. T_2 として T_1 と共通辺 e_1 をもつものを選び, T_2 を T_1 に e_1 で貼り付けます. $T_1 \cup T_2$ は 4 角形です. T_3 として $T_1 \cup T_2$ と共通辺 e_2 をもつものを選び, T_3 を $T_1 \cup T_2$ に e_2 で貼り付けます. $T_1 \cup T_2 \cup T_3$ は 6 角形です. 以下これを繰り返すのですが, このとき, 三角形の固有の形は無視することができ, 途中の $T_1 \cup T_2 \cup \cdots \cup T_{f-1}$ は正 $2f$ 角形であるとすることができます.

三角形の枚数を F とすると, 最終的に正 $2F$ 角形が得られ, まだ貼り付けてない辺が $2F$ 個残り, それらは 2 つずつ対をなして貼り付けられるのを待っています. このような状態を閉曲面の **多角形表示** といいます (下図).

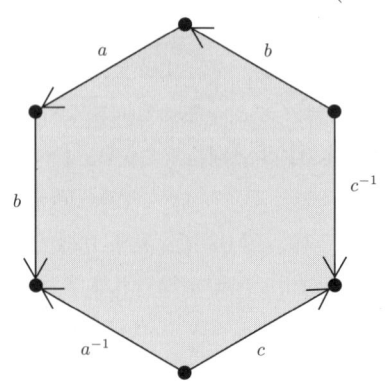

一般の多角形表示は正 $2k$ 角形で与えられ, $2k$ 本の辺を 2 つずつの対にわけ, それぞれに貼り付け方を指定したものです. 貼り付け方を表すために, 各辺に, ど

こかを始点にして，左回りに k 個の文字 $a, b, c, \cdots$ を割りふります．ただし，貼り合わせる辺には同じ文字を当てます．また，辺には矢印をつけ，貼り合わせる向きを指定します．2 つとも左回りならば，$a \cdots a \cdots$ と表し，片方が逆向きなら $a \cdots a^{-1} \cdots$ と表します．また，便利のため，2 角形も許します．たとえば列 aa^{-1} は球面を表します．aa は射影平面を表します．このとき，球面では矢印の両端は 2 点ですが，射影平面では貼り付けるとき，矢印の頭としっぽが同一視され，矢印の両端は 1 点で，矢印は輪型に閉じてしまいます．一般の多角形表示ではこのようなことはよくあることです．トーラスは多角形表示 $aba^{-1}b^{-1}$，クラインの壺は多角形表示 $abab^{-1}$ をもちますが，頂点はいずれも 1 点です．

閉曲面の分類定理の最終段階は，この任意の多角形表示がすべて，g 個のトーラスをつなげたものか，g 個の射影平面 (ボーイの曲面) をつなげたもののいずれかになることを示すことになります．ここから先の議論を詳しく述べることはしません．いろいろなやり方があるし，ていねいに述べると，数ページの議論になります．典型的な議論を 3 つだけ挙げましょう．

$a \cdots a \cdots$ 型の辺があるとき，表される閉曲面の位相型を変えずに，多角形表示を変えて $\cdots bb \cdots$ とすることができます．実際，矢印 a の頭どうしを結ぶ辺 b を新たに定め，b で切って，a で貼り付ければいいのです．また，同様な方法で $a \cdots b \cdots a^{-1} \cdots b^{-1} \cdots$ という辺の配置があると，位相型を変えずに $\cdots cdc^{-1}d^{-1} \cdots$ とすることができます．

この議論だけで，すべての閉曲面はトーラスと射影平面をいくつかつなげたものになっていることが分かります．したがって，向き付け可能な場合，閉曲面は球面か，トーラスいくつかをつなげたものであることが分かります．また，クラインの壺が 2 つの射影平面をつなげたものであることも分かります．

最後の補題は射影平面とトーラスをつなげたものが，射影平面を 3 つつなげたものと同相になるというものです．これは，前に述べたような，切り貼り (cut and paste) の議論でもできますが，メビウスの帯にトーラスをつなげたものと，メビウスの帯にクラインの壺をつなげたものが同相であることからも分かります．

4　オイラー標数

これまでの議論で分類定理の証明ができてしまったと思われるかもしれませんが，まだ，重要なステップが残っています．それは閉曲面に対して種数 g が 1 つ

に定まるということです．閉曲面が向き付け可能かどうかはメビウスの帯と同相な部分を含むかどうかですから，向き付け可能な曲面と向き付け不可能な曲面は同相になることはありません．しかし，2つの自然数 g, g' に対して，トーラスを g 個つなげたものとトーラスを g' 個つなげたものが同相でないこと，また，射影平面に関しても同様のことは決して明らかではありません．

　これらの事実を証明するとき，オイラー標数を利用するのが早道です．閉曲面を三角形分割すると，頂点の個数 V，辺の個数 E，面の個数 V が定まります．もちろんこれらの数は三角形分割のやり方により変わりますが，$\chi = V - E + F$ は変わらないことが知られています．この数 χ を**オイラー標数**といいます．

　少し計算してみましょう．オイラーは凸多面体 (面は三角形でなくてもよい) に対して，この数 $V - E + F$ がつねに 2 だということを発見しました．立方体では頂点が 8 個，辺が 12 本，面が 6 枚で $\chi = 8 - 12 + 6 = 2$ です．各面を対角線で切っても，面と辺が 1 つ増え，頂点は変わらないので χ は一定です．面の真ん中に新しい頂点をつくり，その面のいくつかの頂点と辺で結びます．それでも χ は一定です．このようにして，面をどんどん細分しても χ は変わらないわけです．別の凸多面体から始めても，同じ細分に到達できそうです．これがオイラーの多面体定理の原理です．

　この話は，球面でなく閉曲面から始めても同様で，同相な閉曲面は同じオイラー標数をもつという，オイラー標数の位相不変性が成り立ちます．しかし，その厳密な証明は少し難しいものです．ポアンカレはオイラー標数をホモロジー群の階数 (ベッチ数といいます) を用いて表すことを考えました．そして，オイラー標数の位相不変性をホモロジー群の位相不変性に帰着させたのです．後者は，大学の数学科の 3 年生レベルの話題です．

　オイラー標数は，細分しても変わらないのですが，同じ原理で，面をとなり同士くっつけても変わりません．くっつけることを繰り返すと，面を 1 つにすることができます．すなわち，多角形表示からオイラー標数を数えることができます．$2k$ 角形の多角形表示では，面は 1 つ，辺は (2 つずつ同一視するので) k 本です．頂点が (辺の同一視の結果) いくつになるかは定まりませんが，表示式から読み取ることができます．

　$k = 1$ のとき，多角形表示は aa^{-1} か aa です．前者は球面を表し，$V = 2$ となり，$\chi = 2$ となります．これは球面のオイラー標数です．後者は射影平面にな

り，$V=1$ ですから，射影平面のオイラー標数は 1 になります．トーラスの多角形表示は $aba^{-1}b^{-1}$ で，$V=1$ となり，オイラー標数は 0 です．同様に，種数 g の向き付け可能閉曲面 (トーラスを g 個つなげたもの) の多角形表示は

$$a_1b_1a_1^{-1}b_1^{-1}a_2b_2a_2^{-1}b_2^{-1}\cdots a_gb_ga_g^{-1}b_g^{-1}$$

ですから，$V=1$ となり，オイラー標数は $2-2g$ で与えられます．また，種数 g の向き付け不可能閉曲面 (射影平面を g 個つなげたもの) の多角形表示は

$$a_1a_1a_2a_2\cdots a_ga_g$$

で，同じく $V=1$ となり，オイラー標数は $2-g$ で与えられます．

このようにして，向き付け可能のときも不可能のときも，種数が異なると，オイラー標数も異なることが分かりました．したがって，種数が異なる閉曲面は同相でないことになります．

オイラー標数から分かることは他にもあります．ある閉曲面 $\widetilde{S}$ が他の閉曲面 S の被覆であるとは，連続写像 $f:\widetilde{S}\to S$ で，各点 $p\in\widetilde{S}$ の近傍に制限すると同相写像になっているものが存在するときとします．そのとき，被覆写像 f は全射になり，ある自然数 p に対し，1 点の逆像 $f^{-1}(p)$ はちょうど p 点になります．このとき，$\widetilde{S}$ は S の p 重被覆であるといいます．

閉曲面 $\widetilde{S}$ が S の p 重被覆であるとき，$\widetilde{S}$ のオイラー標数は S のオイラー標数の p 倍になります．これは定義よりただちに分かることですが，実は，逆も成り立ちます．このことから，閉曲面全体は，被覆という関係で，大きく 3 つに分かれることが分かります．すなわち，オイラー標数が正のもの，球面と射影平面のグループと，オイラー標数が 0 のもの，トーラスとクラインの壺のグループと，オイラー標数が負のもの，すなわち，残り全部のグループです．この分類は閉曲面の許容する幾何構造と対応していることがわかります．

このあたりで，閉曲面の分類とそれに深く関わるオイラー標数の解説を終わることにします．閉曲面の分類が成功したのは，空間の中の複雑な曲面を三角形に分割して，単純な記号の羅列に変えることができたからでしょうか．ただバラバラにしただけなら何の情報も引き出せません．うまく必要な情報を組み立てて，閉曲面の違いを見出したところに，知性があると思います．ポアンカレはこれらの

操作を考えて，ホモロジー群と基本群を発見しました．また，以上の議論の 100 倍から 1000 倍ぐらい難しいのですが，3 次元多様体の分類も，おおむね同じ方向の考え方でできているような気がします．ようやくポアンカレの夢が実現する段階に来たのかもしれません．

2500年の歴史
素因数分解の一意性
黒川信重

1 はじめに

今年 2009 年は数学最大の難問リーマン予想がリーマン (1826–1866) により提出された 1859 年からちょうど 150 周年となる．リーマン予想はオイラー (1707–1783) の研究の延長線上にある．オイラーは素数研究にともないゼータを発見したのであった：

$$\text{自然数} \xrightarrow{\text{《分解》}} \text{素数} \xrightarrow{\text{《統合》}} \text{ゼータ}$$

このうち，素因数分解とその一意性は今から 2500 年前のギリシャ時代に発見・証明され，さらに，同時期に，素数が無限個存在することもそこから導かれていた．一般に，ゼータは素数に関する積 (オイラー積) で構成される．その基盤は素因数分解の一意性にある．リーマン予想はゼータの零点の問題であるが，素数分布の問題でもある．これまでに過ぎ去った"リーマン予想の 150 年"を振り返ると，素数が無限個存在することに起因する困難がひしひしと伝わってくる．素数が有限個だったとしたら，リーマン予想は簡単な問題だった．そう考えると，ギリシャ時代に発見・証明された美しい大定理

『素因数分解が一意的にできる』 および 『素数は無限個存在する』

に改めて感慨深いものを感じる．

さて，現在の教育課程では，素因数分解は小中高の間に実例

$$4 = 2 \cdot 2, \quad 6 = 2 \cdot 3, \quad 8 = 2 \cdot 2 \cdot 2, \quad 9 = 3 \cdot 3,$$

$$10 = 2\cdot 5, \quad 12 = 2\cdot 2\cdot 3, \quad 14 = 2\cdot 7, \quad 15 = 3\cdot 5, \quad \cdots$$

によっていつの間にか導入され，証明無しに使われている．その「一意性」は言及されることすらない．実際，素因数分解の一意性の証明は簡単ではなく，通常の素数の定義を聞いただけで証明を思いつく人は大数学者の素質がある．きちんと扱うのは，大学2年生の代数学(環の周辺，UFD)においてである．そこでは，素数概念の見直しも必要になる．素数は本来自分自身が割り切られる(分解する)かどうかで定義されている．ところが，素因数分解の一意性では，他の数を割り切る(分解させる)かどうかが問題になっている．まったく，「逆」の性質に見える．それが，証明が困難な理由である．

ここでは，その周辺を簡単に解説したい．とくに本稿では，他では使われていない「強素数」という言葉を導入して概念を整理してみた．

2 素因数分解

素数は数学の根本概念であり，

$$2, 3, 5, 7, 11, 13, 17, 19, 23, 29, 31, 37, 41, 43, 47, \cdots$$

のように，自然数(正の整数)のうちで1より大きな2つの自然数の積に分解できないものを指す．つまり：

定義1 1以外の自然数 P が素数とは「$P = A\cdot B$ とすると A または B は P」をみたすときにいう．

ただし，以下においても同じであるが，A, B 等は自然数を意味する．

素数は紀元前500年頃のギリシャ時代から考えられてきている．はじまりは，きっと，ピタゴラスや彼の学校(研究所)の人々が，自然数を掛け算に関して分解し尽くし，それら素になるものの研究から世界の成り立ちを調べたい，と思ったのが動機だったのであろう．物理学との関連にも触れておこう．ほぼ同時期のギリシャには，物質を分解し尽くすと原子(アトム＝「分解しないもの」)になるというデモクリトス(彼もピタゴラス学校に属していたという)たちのとなえた原子論も起こった．考え方は素数論と同一である．ピタゴラス学派はすべては数で理

解できるというモットー『万物は数なり』を持っていたのである．素数論と原子論は同じ関連で生じたのに違いない．

素因数分解が可能であることは簡単に証明できるので，まずやっておこう．

定理 1 自然数は素数の積に分解できる．つまり，素因数分解ができる．ただし，1 は 0 個の素数の積とみなす．

証明 1 でない自然数 N をとる．N が素数ならそのままで良い．N が素数でないときは，それを割り切る 1 と N 以外の自然数 A, B によって $N = A \cdot B$ と分解する．以上のことを，A, B に繰り返す．この繰り返し (たかだか N 回) で素因数分解に達する． 証明終

一意性は次の節で説明するように難しい．考えることが好きな人は，この時点で 2500 年前のギリシャ時代のクロトン (ピタゴラス学校があったイタリア南岸の町；現在名はクロトーネ) の人になったつもりで，一意性の証明を考えてみてほしい．

3　素因数分解の一意性：大学二年生

素因数分解の一意性の証明には三つの方法がある：

（1）互除法 (ピタゴラス学派・ユークリッド，紀元前 500 頃)
（2）イデアル論 (ガウス，1800 頃)
（3）背理法による直接的証明 (ツェルメロ，1900 頃)

はじめの二つの方法の骨子を明確にするために，まず，「素数」の代わりの概念を定義する．それを本稿では「強素数」と呼ぶ．これが素因数分解の一意性を証明する要となる．

定義 2 1 でない自然数 P が強素数とは「P が $A \cdot B$ を割り切るとすると P は A または B を割り切る」をみたすときにいう．

次のことはすぐわかる．

定理2 強素数は素数である．

証明 P を強素数とする．いま，$P = A \cdot B$ になっていたとする．このとき，P は $A \cdot B$ を割り切っているので，P が強素数であることから P は A または B を割り切る．P が A を割り切っていれば $A = P \cdot A_1$ と書けて $A_1 \cdot B = 1$ より $A_1 = B = 1$．よって，$A = P$, $B = 1$．また，P が A を割り切っていれば同様に $A = 1$, $B = P$．いずれにしても，A または B は P．したがって，P は素数である． 証明終

自然数の強素数への分解については一意性が成り立つことが，次のとおり，難しくなく証明できる．ただし，強素数への分解（「強素因数分解」）が可能であることは，示していないことに注意されたい．

定理3 自然数が強素数の積に分解できていると，その形の分解は一意的である．

証明 自然数 N が強素数の積に

$$N = A \cdot B \cdots\cdots C = D \cdot E \cdots\cdots F$$

と分解できたとする．このとき，A は N を割り切るので，$D \cdot E \cdots\cdots F$ を割り切る．A は強素数だったから $D, E, \cdots, F$ のいずれかを割り切る．（強素数の定義は「P が $A \cdot B \cdots\cdots C$ を割り切るとすると P は $A, B, \cdots, C$ のいずれかを割り切る」としても同じことである．）A が D を割り切るとしても一般性を失わない．ここで，定理2から A と D は素数だから $A = D$．よって N を $A = D$ で割り切って

$$B \cdots\cdots C = E \cdots\cdots F.$$

したがって，同じことを繰り返すと

$$A = D, \quad B = E, \quad C = F$$

を得る．つまり，一意性が成り立つ． 証明終

さて，素因数分解の一意性を証明するための鍵は次の定理である．

定理 4　素数と強素数は同じものである．

これを，定理 1–3 と合わせれば，求める定理が得られることは，もはや明らかである：

定理 5　素因数分解は一意的である．

証明　素因数分解は定理 1 から可能である．いま，
$$N = A \cdot B \cdots C = D \cdot E \cdots F$$
と素数の積に分解できたとする．定理 4 より，これは強素数への分解になっている．したがって，定理 3 から一意性
$$A = D, \quad B = E, \quad \cdots, \quad C = F$$
が成り立つ．　　　　　　　　　　　　　　　　　　　　　　　　　　　　証明終

ところで，定理 4 の証明は，「強素数は素数である」の部分は定理 2 で済んでいるので，「素数は強素数である」を示すことに証明の要点がある．これは，簡単ではなく，大学二年生用の『代数学』の教科書 (UFD =「一意分解整域」のところ) で扱われる．詳しくは，ゆっくりと，それを読まれたいが，ここに要点を書いておこう．その前に，言葉について補足しておこう．大学二年の『代数学』においては「素数」は「既約元」と呼ばれ，「強素数」は「素元」と呼ばれている．教科書によっては「既約元」と「素元」の区別があいまいなものもあるので，きちんと区別してある本で学習されたい．この区別が本質的なところである．いずれにしても，素数 (既約元) が強素数 (素元) であることを，互除法 (1) あるいはイデアル論 (2) によって示すことがメインであり，そうすると一意性は上記のように容易に従う．なお，イデアル論の方が互除法より少し適用範囲が広い．

イデアル論による要点は次の通りである．なお，「体」「整域」「極大イデアル」「素イデアル」等は『代数学』の教科書の「環」のところを見てほしい．$\mathbb{Z}$ は整数全体の環とする．次の順に証明する：

(1)　P が素数 (既約元) とは $P\mathbb{Z}$ が「極大イデアル」であることと同値である．

（2） P が強素数とは $P\mathbb{Z}$ が「素イデアル」であることと同値である．

（3）　「極大イデアル」は「素イデアル」である．

（4）　したがって，素数は強素数である．

あるいは，次のようにしても良い．

（1'） P が素数 (既約元) とは $\mathbb{Z}/P\mathbb{Z}$ が「体」であることと同値である．

（2'） P が強素数とは $\mathbb{Z}/P\mathbb{Z}$ が「整域」であることと同値である．

（3'）　「体」は「整域」である．

（4'）　したがって，素数は強素数である．

いずれにしても，イデアル (あるいは剰余環) によって見通しの良い言い換えができ，結論が従うことになる．

第三の方法 (ツェルメロ) では，一意性が成り立たない最小の自然数 (最小反例) の存在を仮定して，矛盾を導くというやり方をする．素数は通常の定義 1(既約元) のままで良い．この方式にすると，一意性から素数 (既約元) と強素数 (素元) の同値性が導かれる．これについての詳細は参考文献の [3] を参照されたい．

問題 1　素数と原子が類似と見ると，強素数に対応する「強原子」とは何だろうか．

4　素数が無限個存在することの証明

素因数分解とともに，それから導かれる「素数は無限個ある」という発見は，ギリシャ数学の偉大な成果である．その証明についても触れておこう．

彼らの証明は，実際に素数を作り出すやり方であった．(よく背理法で説明されるが，それは正しくない．) これはピタゴラス学派 (紀元前 500 年頃) にさかのぼるものと思われるが，彼らの書いたものは残っていないようである．記録に残っているのは，ピタゴラス学派の成果を教科書としてまとめたユークリッドの『原論』(出版は紀元前 300 年頃) に書き留められたものである．原文 (中央公論社からの日本語訳がある) を適当に要約して見てみよう．

* * * * *

『原論』第 9 巻,命題 20

命題 限りない数の素数が存在する.

証明 A, B, C を異なる任意の素数として,それ以外の素数 D が存在することを示そう.$A \cdot B \cdot C + 1$ を見よ.これを割り切る素数が存在する.その一つ D を取る.すると,D は A, B, C とは異なる.なぜなら,D は $A \cdot B \cdot C + 1$ を割り切るが,A, B, C は $A \cdot B \cdot C + 1$ を割り切らないから.   証明終

* * * * *

説明の都合上,ユークリッドは,始める素数をためしに 3 個にしているが,何個から開始しても同じ事なのは明白である.つまり,何個か素数があったら,全部掛けて 1 を足したものを作り,それを割り切る 1 でない一番小さい自然数を取り出せば,それは素数であり (素数でなかったとしたらもっと小さいもので割り切れてしまう),しかも新しい素数となっている (それまでの素数では割り切れないので),という作り方である.ここで,割り切る素数なら何でも良いのであるが,考えを確定させるために最小素因子に限定しておいた.

たとえば,素数 2 からはじめてみると,

$$2 \to 3 \to 7 \to 43 \to 13 \to \cdots$$

と素数がでてくる.実際,2 の次を求めるには,まず 1 を足して 3 が出る.これを割り切る 1 でない最小の数は 3 である.こうして,2 の次に 3 が作れた.2, 3 からは,全部掛けて 6, 1 を足して 7 が出る.よって,3 個の素数 2, 3, 7 が出た.次には,全部掛けると 42 で 1 を足すと 43 となり,4 個の素数 2, 3, 7, 43 ができた.その次は,全部掛けると 1806, 1 を足すと 1807.これを割り切る 1 でない最小の自然数は,1807 が 13 と 139 の積になることから,素数 13 とわかる.このようにして,5 個の素数 2, 3, 7, 43, 13 が得られた.これを続ければ,素数は 1 個ずつ増えていき,結局,素数が無限個出てくることがわかる.この無限列はユークリッド素数列と呼ばれている.

ここに，未解決の興味深い問題を挙げておこう．ギリシャ時代に考えられていても不思議ではない問題である．

問題 2　ユークリッド素数列

- $2 \to 3 \to 7 \to 43 \to 13 \to 53 \to 5 \to 6221671$
  $\to 38709183810571 \to 139 \to 2801 \to 11 \to 17 \to 5471 \to \cdots$

には，すべての素数が出てくるだろうか．他の素数から出発した

- $17 \to 2 \to 5 \to 3 \to 7 \to 3571 \to 31$
  $\to 395202571 \to 13 \to 29 \to 137 \to 23 \to 97 \to \cdots,$
- $99109 \to 2 \to 3 \to 5 \to 7 \to 11 \to 13 \to \cdots$

等ではどうだろうか？

これは，未解決の難問である．ゼータによる研究も行われている (参考文献の [5] を見てほしい)．

問題 3　UFD においてのユークリッド素数列の問題を研究せよ．(ヒント：参考文献 [5],[6]．)

さて，素因数分解は小さい自然数に対しては手計算でも簡単にできるが，大きい自然数になると困難が急激に増大する．逆に，素数の積を計算することは容易である．これが，現代暗号に素数が使われる理由であり，第三者による暗号解読が困難な (高速なコンピューターでも数千年を要するような) 素因数分解によって阻止されている．携帯電話等のセキュリティの暗号の鍵は素数であり，素数は現在の日常生活においてなくてはならないものになっている．

5　大学における数学の学びかた

この文章を読まれる方には高校生から大学生も多いと思われるので，大学での数学の学び方についても触れておきたい．ここでは，四つのコツを挙げる．

1）　大学での数学と高校までの数学の違い

大学では，きちんとした定義からはじまる．問題が未解決のこともある．

(例1)　線型代数 (1年生)：「線型空間」「線型写像」「基底」「次元」「階数」の定義から導かれることを学習する．キチンと読み込まないといけない．定義をいろいろ勝手に思い込んではいけない (デキル学生に多い)．

(例2)　素数論 (2年生)：素数概念は2500年の歴史を持っているが，本稿で見たとおり，今でも新鮮で興味深い．「素数」のような日常語のときは，学ぶときに言葉の意味に一層心してかかる必要がある．

(例3)　群論 (2年生)：群の公理はとても簡単であるが，出てくる結果は膨大である．未解決問題も出てくる．

(例4)　ゼータ関数論 (4年生・大学院生)：150年目のリーマン予想など未解決問題多数．自分で新たなことを考える必要大となる．

2）　数学研究のすすめ

実際の研究はいろいろな場合が起こるが，基本的には，第一に「問題」を作成し，第二にその問題を「解く」．さらに，第三にその結果を「発表」し他の人からの承認を得る．という三段階から「研究」はできている．このうち，「問題」はもちろん解けている問題 (世界中の誰かが答えを知っている問題) ではだめで，「未解決問題」でないといけない．ここが，実は一番の苦心のしどころ．高校までで出される問題は誰かが解いてしまっている問題 (すくなくとも先生は答えを知っている問題のはず) なので，ここで言う研究用の「問題」にはならない．「解く」ところは一般に思われているような「研究」のイメージに近い．何を使ってもいいので，とにかく問題を解く．誰も解いていない問題を解くのは研究の醍醐味．三番目の「発表」は，ちょっと意外に見えるかもしれないが，「研究」はここまでしないと完了しない．ペレルマンが解決したことになっているポアンカレ予想の場合は，この点は大問題となった．ペレルマンは「発表」の手続きをきちんとしていないのである．悪い見本であり，見習ってはいけない．論文は書いた人が責任を持って「発表」せねばならない．「発表」は解決済みの問題を他の人が考えるという無駄をはぶく意味からも大切である．

3）問題作成のすすめ

大学以上の数学では，高校までの「問題を解く」ことから脱却して，いかに良い「問題を作る」かが中心となる．各段階において自分で問題を作成して考えていくことが大事である．

通常の意味では問題解決は良い印象にとらえられるはずだが，研究者としては「問題」が一つ減って残念という気持ちが伴ってくる．実際，数学の専門家は，問題を解いた人をほめることはあるかもしれないが，「問題を一つ絶滅させた人」といううらはらな感情も打ち消せない．また，数学研究は困難で時間がかかるので，「優れた数学者である」ためには，明るく考えられることが一番．計算が速いというようなことは，遅くたって問題ないことである．

とにかく，未解決の問題に挑戦する喜びを知って欲しい．すでに解かれている問題で時間を浪費しないで，今のうちから，自分で問題を作ることをやって見て欲しい．問題が解けるのが良い数学者ではなく，良い問題を作れるのが良い数学者である．数学の未開拓の広大な新天地が待っている．

4）数学に親しむコツ

一つ伝授したい．それは，数を友達と思うということである．このことの強力な有効性は，十代から 40 年くらい実行してきた私の実感である．

一例として，「ゼータ」をあげよう．すでに述べたように，数学最大の難問リーマン予想は素数から発展したゼータ関数の問題である．そのようなゼータ関数に親しむ一つの方法は，ゼータという生き物たちの住んでいる『ゼータ惑星』を思い浮かべ，そこを探検していると想像することである．すると，地球の生き物が「核・ミトコンドリア・葉緑体・べん毛」からなっているのに対応してゼータが「双曲・単位・放物・楕円」からなっているという描像が得られる (参考文献の [1]，[2] 参照)．なお，この対応関係において，DNA は作用素に対応する．ミトコンドリア DNA に対応する作用素はオイラー作用素であり，その行列式から「単位因子」(多重ガンマ関数・多重三角関数) を得る．一方，$\zeta(s)$ は「放物因子」になっている．したがって，リーマン予想に必要な作用素 (「リーマン作用素」と呼ぼう) とは葉緑体 DNA に対応する作用素であり，

$$\text{リーマン作用素：古典オイラー作用素 (CED)}$$
$$= \text{葉緑体 DNA：ミトコンドリア DNA}$$

から

$$\text{リーマン作用素 ＝ 量子オイラー作用素 (QED)}.$$

ということになる．

参考文献 (著者関係)

［1］ 黒川信重『オイラー探検：無限大の滝と 12 連峰』，シュプリンガー・ジャパン，2007．

［2］ 黒川信重『オイラー・リーマン・ラマヌジャン：時空を超えた数学者の接点』，岩波書店，2006．

［3］ 黒川信重「素数・ゼータ関数・三角関数：三つの問題」『数学のたのしみ』2006 夏 pp.8–28，日本評論社．

［4］ 加藤和也・黒川信重・斎藤毅『数論 I』；黒川信重・栗原将人・斎藤毅『数論 II』，岩波書店，2005．

［5］ 黒川信重「ユークリッド素数列」『数学セミナー』2008 年 5 月号 pp.12–13．

［6］ N. Kurokawa and T. Satoh "*Euclid prime sequences over unique factorization domains*", Experimental Math. **17** (2008), pp.145–152．

［7］ 黒川信重「ゼータ関数入門」「佐藤テイト予想の歴史」『数学のたのしみ』2008 最終号，日本評論社．

［8］ 黒川信重「現代数論の戦略：数論の過去〜未来」(対談)『現代思想』2008 年 11 月号，青土社．

［9］ 黒川信重「現代数論と谷山豊：歿後 50 周年」『数学文化 11』，日本評論社，2008 年 12 月．

［10］ 黒川信重「絶対数学」『現代思想』2000 年 10 月臨時増刊号，青土社．

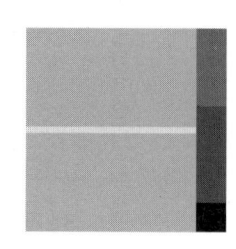

複素解析の入り口

コーシーの積分定理

澤野嘉宏

1 はじめに

コーシーの積分定理は，複素解析のすべてといってもよいくらい，理論の根底をなす定理である．初めてこの定理を学習したときは，複素解析の学習においていつでも使う定理として自然に脳裏にこびりついた．また，本稿で示すプリングスハイム (Pringsheim) による証明の巧妙さにも舌を巻いたものである．

この定理は非常に美しいが，周回積分の値それだけをみていても何も得るものがないようにも思われる．美しいがゆえに，その奥を見るためにはこの定理から得られるいろいろな定理や計算を見ていかないといけないであろう．

本稿ではまず，コーシーの積分定理を記述し，その証明のあらすじを述べる．次にそれ自体をどのように発展させるかを記述する．また，コーシーの積分定理の典型的な応用として定積分の計算への応用を取り上げる．

2 コーシーの積分定理

はじめに複素線積分に関して説明する．複素平面内の領域 Ω 上の連続関数 $f(z)$ と，Ω に含まれる区分的 C^1-級の曲線 C について，$f(z)$ の C に関する積分を次のようにして定義する．C が $\gamma : [a,b] \to \Omega$ によって与えられているとき，

$$\int_C f(z)\,dz = \int_a^b f(\gamma(t))\gamma'(t)\,dt$$

$$\int_C f(z)\,|dz| = \int_a^b f(\gamma(t))|\gamma'(t)|\,dt$$

と定める．すると，複素線積分の三角不等式

$$\left| \int_C f(z)\, dz \right| \le \int_C |f(z)|\, |dz| \tag{1}$$

が成り立つ．

本稿でよく使うので，$a \in \mathbb{C}$ と $r > 0$ に対して閉円板と開円板を次のように定める．

$$\Delta(a;r) := \{z \in \mathbb{C} : |z - a| < r\}$$
$$\overline{\Delta}(a;r) := \{z \in \mathbb{C} : |z - a| \le r\}$$
$$\partial\Delta(a;r) := \{z \in \mathbb{C} : |z - a| = r\}$$

また，$\partial\Delta(a;r)$ の向きは反時計回りとする（野口潤次郎『複素解析概論』参照）．

例 1 C を点 a を中心とした半径 r の円周とする．始点と終点を $a+r$ とする．すなわち，C は

$$\gamma(t) = r\exp(it) + a, \quad 0 \le t \le 2\pi$$

によってパラメータづけられているとする．この曲線 C に対する $f(z) = \dfrac{1}{(z-a)^k}$ の線積分を求めてみよう．

$$\int_C \frac{dz}{(z-a)^k} = \int_0^{2\pi} \frac{ir\exp(it)}{r\exp(kit)}\, dt = \begin{cases} 0 & (k \ne 1) \\ 2\pi i & (k = 1) \end{cases} \tag{2}$$

例 2 C は点 α, β をこの順番で結んで得られる線分としよう．C は

$$\gamma(t) = \alpha(1-t) + \beta t, \quad 0 \le t \le 1 \tag{3}$$

とパラメータづけられているとしてよい．p, q を定数として $f(z) = pz + q$ を考えると，

$$\begin{aligned}\int_C f(z)\, dz &= \int_0^1 \{p(\alpha(1-t) + \beta t) + q\}(\beta - \alpha)\, dt \\ &= \frac{p}{2}(\beta^2 - \alpha^2) + q(\beta - \alpha)\end{aligned}$$

となる．

例 3 C は点 $\alpha_1, \alpha_2, \alpha_3, \alpha_1$ をこの順番で結んで得られる三角形としよう．計算の見通しを良くするために $\alpha_4 = \alpha_1$ とおくと，例 2 より

$$\int_C f(z)\,dz = \frac{p}{2}\sum_{j=1}^{3}(\alpha_{j+1}{}^2 - \alpha_j{}^2) + q\sum_{j=1}^{3}(\alpha_{j+1} - \alpha_j) = 0$$

である．

これで，コーシーの積分定理を記述する準備が整った．

定理 4 $\Omega \subset \mathbb{C}$ を複素平面内の領域，$f : \Omega \to \mathbb{C}$ を複素微分可能すなわち

$$f'(z) = \lim_{w \to z,\, w \neq z} \frac{f(w) - f(z)}{w - z} \tag{4}$$

が存在するような関数であるとする．(このような関数を Ω で正則であるという．) このとき，三角形 Δ_0 の 3 辺からなる折れ線 C に対して

$$\int_C f(z)\,dz = 0 \tag{5}$$

が成り立つ．

証明をする前に，なぜこの定理が美しいのか述べておくと，次のような主張が次々と導き出せるからである．

(1) 1 回微分できるというだけのことから，何回でも微分ができる．
(2) テーラー展開が可能である．
(3) 正則関数列の (広義) 一様収束列は，微分に移っても (広義) 一様収束している．
(4) 領域 (=連結開集合) で定義された 2 つの関数 f, g のある点 a における微分係数がすべての次数で同じなら $f = g$ がその領域で言える．

証明も侮れない．基本的だがはじめは難解と思われるこの定理の証明は侮れない．もし，複素正則関数の "複素" 不定積分を作れると認めてしまえば，リーマン積分の公式を当てはめるだけで証明できてしまうのだが，話はそう簡単ではない．また，微分も 1 回しかできないといっているのであるから，ベクトル解析の定理

を使うのもままならない．

証明 実数 α_0 を

$$\alpha_0 = \left| \int_C f(z)\, dz \right|$$

と定める．以後，三角形は境界を含めて考えているものとする．帰納的に三角形 $\Delta_1, \Delta_2, \cdots, \Delta_n, \cdots$ と実数 $\alpha_1, \alpha_2, \cdots, \alpha_n, \cdots$ を定めていく．Δ_n と α_n が定まったとする．Δ_n の 3 辺の中点 3 つをとり，それを用いて Δ_n を 4 つの三角形 T_1, T_2, T_3, T_4 に等分割する．

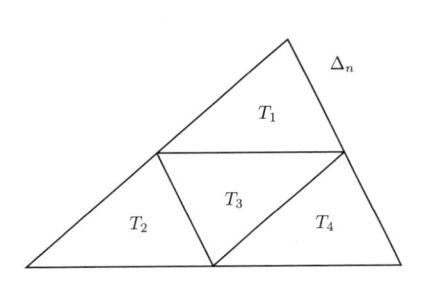

$$\alpha_{n+1} = \max \left\{ \left| \int_{T_j} f(z)\, dz \right| : j = 1, 2, 3, 4 \right\}$$

として，Δ_{n+1} を，α_{n+1} を与える三角形 T_1, T_2, T_3, T_4 のうち，添え字が一番若いものとする．すると，

$$\sum_{j=1}^{4} \int_{T_j} f(z)\, dz = \int_{\Delta_n} f(z)\, dz$$

より，$4\alpha_{n+1} \geq \alpha_n$ に注意する．このようにして無限列 $\Delta_1, \Delta_2, \cdots, \Delta_n, \cdots$ と $\alpha_1, \alpha_2, \cdots, \alpha_n, \cdots$ が得られた．すると，$\bigcap_{j=1}^{\infty} \Delta_j$ は一点 a からなる．C_n を Δ_n の境界とする．これと例 3 を踏まえて，

$$\alpha_n = \int_{C_n} f(z)\, dz = \int_{C_n} (f(z) - f(a) - (z-a)f'(a))\, dz$$

と変形する．ここで，

$$\varphi(\delta) = \sup_{w \in \mathbb{C}, |w-a| \leq \delta} \left| f'(a) - \frac{f(w) - f(a)}{w - a} \right|$$

とおくと，(4) より $\varphi(\delta)$ は，$\delta \downarrow 0$ のときに，0 に収束する．不等式

$$|\alpha_n| \leq \int_{C_n} |f(z) - f(a) - (z-a)f'(a)|\, |dz|$$

$$\leq C_n \text{ の長さ} \times \varphi(\delta)$$

α_n より
$$|\alpha_0| \leq \varphi(\delta) \cdot C_0 \text{の長さ}$$
が得られた．$\delta \downarrow 0$ とすると $\alpha_0 = 0$ がわかる．

系 5 定理 4 において，C を多角形の境界を反時計回りに向きづけした曲線としても同じ結論が成り立つ．

証明 多角形は対角線を結ぶことで三角形に分割できるからである．

系 6 定理 4 において C をなめらかな曲線を反時計回りに向きづけした曲線としても同じ結論が成り立つ．

証明 曲線 C のパラメータづけ $\gamma : [a,b] \to C$ に対して，$[a,b]$ の分割 $\{t_j\}_{j=0}^N$ を考える．この分割から得られる点 $\{\gamma(t_j)\}_{j=0}^N$ を順番につないで得られる折れ線を C_Δ とする．
$$\int_{C_\Delta} f(z)\,dz = 0$$
は証明済みで，
$$\int_C f(z)\,dz = \lim_{|\Delta| \to 0} \int_{C_\Delta} f(z)\,dz$$
が γ' と f の一様連続性によって証明できるから，結論が得られる．

補題 7 $\{b_1, b_2, \cdots, b_n\}$ を領域 Ω 内の点とする．$f : \Omega \setminus \{b_1, b_2, \cdots, b_n\} \to \mathbb{C}$ を正則な関数とする．C は $\overline{\Delta}(b_1, \varepsilon), \overline{\Delta}(b_2, \varepsilon), \cdots, \overline{\Delta}(b_n, \varepsilon)$ を内部に含む "反時計回りに向きづけられた自己交差のない曲線" とする．このとき，
$$\int_C f(z)\,dz = \sum_{j=1}^n \int_{\partial \Delta(b_j, \varepsilon)} f(z)\,dz$$
が成り立つ．

"反時計回りに向きづけられた自己交差のない曲線" とは少しあいまいだが，た

とえば，反時計回りに向きづけられた円や半円などが当てはまる．

証明 $n=1$ のときだけを考える．C_ε を次のように定める．はじめに，C と $\partial\Delta(b,\varepsilon)$ を結ぶ最短直線を L_ε とする．このときの最短直線の端点を $a_0(\varepsilon) \in C$, $b_0(\varepsilon) \in \partial\Delta(b,\varepsilon)$ とする．C_ε は $a_0(\varepsilon)$ から出発して C を反時計回りに 1 周して，L_ε を伝って $b_0(\varepsilon)$ へ行き，$\partial\Delta(b,\varepsilon)$ を時計回りにまわって $b_0(\varepsilon)$ へ戻り，a_0 へ L_ε を経由して戻る曲線として定義する．

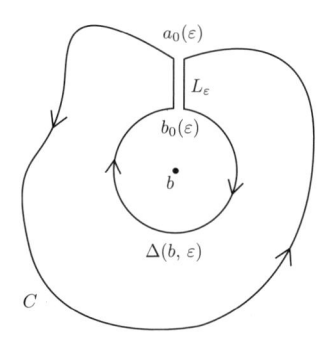

すると，
$$\int_{C_\varepsilon} \frac{f(z)-f(b)}{z-b}\,dz = 0$$
であり，また，互いに逆向きの積分は打ち消しあうので，
$$\int_C f(z)\,dz = \int_{\partial\Delta(b,\varepsilon)} f(z)\,dz$$
となる．

定理 8 $f:\Omega \to \mathbb{C}$ を領域 Ω で正則な関数とする．$\overline{\Delta}(a,r) \subset \Omega$ が成り立つような円板 $\overline{\Delta}(a,r)$ をとってくると，$b \in \Delta(a,r)$ に対して
$$\int_{\partial\Delta(a;r)} \frac{f(z)}{z-b}\,dz = 2\pi i\, f(b)$$
が成り立つ．

証明 例 1 より $\int_{\partial\Delta(b,\varepsilon)} \frac{dz}{z-b} = 2\pi i$, $\int_{\partial\Delta(b,\varepsilon)} dz = 0$ であり，また補題 7 よ

り $\Delta(a,r) \supset \overline{\Delta}(b,\varepsilon)$ のとき

$$\int_{\partial\Delta(a,r)} \frac{f(z)}{z-b} dz = \int_{\partial\Delta(b,\varepsilon)} \frac{f(z)}{z-b} dz$$

だから,

$$\lim_{\varepsilon\downarrow 0} \int_{\partial\Delta(b;\varepsilon)} \left(\frac{f(z)-f(b)}{z-b} - f'(b) \right) dz = 0 \qquad (6)$$

を示せばよいとわかる. しかし, 複素線積分の三角不等式 (1) により,

$$\left| \int_{\partial\Delta(b;\varepsilon)} \left(\frac{f(z)-f(b)}{z-b} - f'(b) \right) dz \right| \leq \int_{\partial\Delta(b;\varepsilon)} \left| \frac{f(z)-f(b)}{z-b} - f'(b) \right| |dz|$$

$$\leq 2\pi\varepsilon \sup_{w\in\Delta(b;\varepsilon)\setminus\{b\}} \left| \frac{f(w)-f(b)}{w-b} - f'(b) \right|$$

なので, $\varepsilon\downarrow 0$ として, (6) が得られる.

系 9 $\alpha, \alpha_1, \alpha_2, \cdots, \alpha_n$ を互いに異なる複素数とする.

$$0 < \varepsilon < \max(|\alpha-\alpha_1|, |\alpha-\alpha_2|, \cdots, |\alpha-\alpha_n|),$$

$p(z) = (z-\alpha)(z-\alpha_1)(z-\alpha_2)\cdots(z-\alpha_n)$ とするとき,

$$\int_{\partial\Delta(\alpha,\varepsilon)} \frac{dz}{p(z)} = \frac{2\pi i}{(\alpha-\alpha_1)(\alpha-\alpha_2)\cdots(\alpha-\alpha_n)} = \frac{2\pi i}{p'(\alpha)}$$

が成り立つ.

証明 $g(z) = \dfrac{1}{(z-\alpha_1)(z-\alpha_2)\cdots(z-\alpha_n)}$ を考え, 定理 8 を $f(z) = g(z)$, $b = \alpha$ で用いる. 第二の等式は $f(z)$ の定義とライプニッツ則より明らか.

3 応用例

複素解析が重要な理由の 1 つは, 複素解析の定理が美しいからというだけではなく, 実際にいろいろな分野への応用ができるからである. 顕著な一例は複素線積分である.

3.1 例 1

次の積分を複素線積分で求めてみよう．$f(z) = \dfrac{1}{1+z^4}$ として

$$I = \int_{-\infty}^{\infty} f(x)\,dx = \lim_{R \to \infty} \int_{-R}^{R} \frac{dx}{1+x^4}$$

真ん中の積分の意味合いは深く考えないことにして，I は最右辺で表されているものだとする．$R > 0$ に対して次のような曲線 C_R を考える．C_R は γ_R によって与えられているとする．

$$\gamma_R(t) := \begin{cases} t & 0 \le t \le R \\ R \exp\left(\pi i \dfrac{t-R}{R}\right) & R \le t \le 2R \\ t - 2R & 2R \le t \le 3R \end{cases} \quad (7)$$

γ は半円の境界を表しているわけだが，本当に考えたい積分は直線部分である．半円を付け加えたが，半円の寄与はないことを示そう．複素線積分の三角不等式 (1) より

$$\left|\int_{C_R} f(z)\,dz\right| \le \int_{C_R} |f(z)|\,|dz| = \int_R^{2R} \frac{\pi\,dt}{\left|R^4 \exp\left(4\pi i \dfrac{t-R}{R}\right) + 1\right|}.$$

通常の三角不等式 $|\alpha + \beta| \le |\alpha| + |\beta|$ $(\alpha, \beta \in \mathbb{C})$ を用いて分母を小さく見積もれば，

$$\left|\int_{C_R} f(z)\,dz\right| \le \frac{\pi R}{R^4 - 1}$$

だから，

$$\lim_{R \to \infty} \int_{C_R} f(z)\,dz = 0$$

となる．したがって，半円の寄与がないことを示す $I = \lim\limits_{R \to \infty} \int_{\gamma_R} f(z)\,dz$ と表せる．

さらに，系 9 を使うと

$$I = 2\pi i \left(\frac{1}{4\left(\frac{1+i}{\sqrt{2}}\right)^3} + \frac{1}{4\left(\frac{-1+i}{\sqrt{2}}\right)^3}\right) = \frac{\pi}{2} i \left(\frac{-1-i}{\sqrt{2}} + \frac{1-i}{\sqrt{2}}\right) = \frac{\sqrt{2}\pi}{2}$$

が得られる.

3.2 例2

次の積分を求めてみよう.

$$I = \int_{-\infty}^{\infty} \frac{\sin x}{x} dx = \lim_{R, R' \to \infty} \int_{-R'}^{R} \frac{\sin x}{x} dx = \lim_{R \to \infty} \int_{-R}^{R} \frac{\sin x}{x} dx$$

ただし, ここでも積分の収束は認めてしまって, 最右辺が I に等しいことは使ってよいとする.

オイラーの公式より,

$$e^{ix} = \cos x + i \sin x$$

だから,

$$I = \operatorname{Im}\left[\lim_{\varepsilon \downarrow 0} \lim_{R \to \infty} \int_{-R}^{-\varepsilon} + \int_{\varepsilon}^{R} \frac{e^{ix}}{x} dx\right].$$

ここで, $\gamma(t) = Re^{it}, 0 \leq t \leq \pi$ とすると,

$$|e^{i\gamma(t)}| = \exp(-R \sin t)$$

より, C_R を (7) で与えられる向き付けられた曲線とすると, $\sin t \geq \dfrac{2}{\pi} t$ ($0 \leq t \leq \dfrac{\pi}{2}$) より

$$\begin{aligned}
\limsup_{R \to \infty} \left|\int_{C_R} \frac{e^{iz}}{z} dz\right| &\leq \limsup_{R \to \infty} \int_0^{\pi} \exp(-R \sin t) dt \\
&= \limsup_{R \to \infty} 2 \int_0^{\frac{\pi}{2}} \exp(-R \sin t) dt \\
&= \limsup_{R \to \infty} 2 \int_0^{\frac{\pi}{2}} \exp\left(-\frac{2Rt}{\pi}\right) dt \\
&= \limsup_{R \to \infty} \frac{\pi}{R}(1 - e^{-R}) = 0
\end{aligned}$$

である. また, $\delta_\varepsilon(t) = \varepsilon \exp(it), \pi \leq t \leq 2\pi$ とする. δ_ε が定める曲線を C_ε^* とおく. ここで, $\dfrac{e^{iz} - 1}{z}$ を考えると, テーラー展開してみればわかるように, $z = 0$ での $\dfrac{e^{iz} - 1}{z}$ の特異性は見かけだけであるから, $z = 0$ での値を i と定義する

とわかるように $\dfrac{e^{iz}-1}{z}$ は正則関数である．したがって，

$$\lim_{\varepsilon\downarrow 0}\int_{C_\varepsilon^*}\frac{e^{iz}}{z}\,dz = \lim_{\varepsilon\downarrow 0}\int_{C_\varepsilon^*}\frac{dz}{z} = \pi i.$$

C_ε^* と C_R の端点を $[-R,-\varepsilon]$ と $[\varepsilon,R]$ でつないで得られる曲線を $C_{R,\varepsilon}^{**}$ とおくと，

$$I = \operatorname{Im}\left(\lim_{\substack{R\to\infty \\ \varepsilon\downarrow 0}}\int_{C_{R,\varepsilon}^{**}}-\int_{C_\varepsilon^*}-\int_{C_R}\frac{e^{iz}}{z}\,dz\right) = \pi$$

が得られる．

4　最後に

複素解析の理論は非常に美しい．また，そこから発展したさまざまな理論がある．筆者が学部のときに教わった美しい定理を述べて終わりにしたい．

定理　複素係数有理式 $f(T), g(T)$ で

$$f(T)^n + g(T)^n = 1$$

を満たすようなものが存在する自然数 n の必要十分条件は $n = 1, 2$ である．

これは $a^n + b^n = c^n$ となる自然数 a, b, c が存在するならば，$n = 1, 2$ でなければならない，というフェルマーの定理の類似である．複素関数論から発展してできたリーマン面の理論におけるリーマン-ロッホの定理を用いて証明できるのである．詳細は [2] を参照のこと．

参考文献

［1］L. V. アールフォルス『複素解析』(笠原乾吉訳)，現代数学社，1982．

［2］小木曽啓示『代数曲線論』講座数学の考え方 18，朝倉書店，2002．

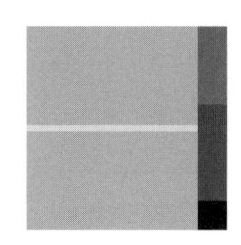

おもしろい有理式
超幾何級数の変換・和公式から
白石潤一

1　導入：足して零になる有理式

　本稿の目的は，いくつかのおもしろい有理式の恒等式を紹介することである．それらは超幾何級数の変換公式及び和公式と呼ばれる一群の公式の例となっていて，超幾何級数の持つ数学的構造のある側面を表しており，とても美しくまたおもしろいものである．20 世紀前半に花開いた分野で，就中 W. N. Bailey の寄与でその高みに至った．G. N. Watson が超幾何級数の変換公式の q 類似を用いて有名な Rogers-Ramanujan 恒等式に簡明な証明を与えたこともこの分野に大きな刺激を与えたのであろう．

　大学院生のころ，Macdonald 対称多項式の研究をやってみようと思い，超幾何級数やその q 類似に関する「できるだけ詳しい本」を探し G. Gasper と M. Rahman の書いた教科書に出会った [2]．当時は，Gasper-Rahman のあまりに凄まじい公式の森に圧倒されその中へ入っていくことができなかったように思う．この前，息子の学童保育のお友達のサッちゃんが私の鞄を探検していたとき，偶然 Gasper-Rahman を開いて目を点にしていた．どうもそれが気に入ったようで周りの子達に見せて回っている．「よくわからないが何となく面白そう」と感じるという点で私もあの子達もいっしょである．

　数年前，可解格子模型の研究をしている折，「ある種の積分作用素と Macdonald 作用素が可換になるであろう」という文脈で私は Macdonald 対称多項式の研究へ帰郷することとなった．その可換性の証明に際して，ある非自明な有理式の変換公式が必要となった．どうしても必要になったので勇気を出して Gasper-Rahman

の密林に分け入り，お目当ての変換公式を見つけることができた．

金庫破りのような感覚であろうか？　山ほどある変換公式と和公式を適当な場所に正確に配置してそれぞれの調和を求める．ダイヤルを右にいくつ左にいくつ，また右に…．一カ所でもずれるとまたやり直し…．一度成功の味をしめると超幾何級数で遊ぶのは面白くて止められない．

まず具体的な例を挙げよう．a を変数とする．計算により

$$1 = 1,$$

$$0 = 1 - 1,$$

$$0 = 1 - 2\frac{a+2}{a+3} + \frac{a+1}{a+3},$$

$$0 = 1 - 3\frac{a+2}{a+4} + 3\frac{a+1}{a+5} - \frac{(a+1)(a+2)}{(a+4)(a+5)},$$

$$0 = 1 - 4\frac{a+2}{a+5} + 6\frac{(a+1)(a+4)}{(a+5)(a+6)}$$
$$- 4\frac{(a+1)(a+2)}{(a+5)(a+7)} + \frac{(a+1)(a+2)(a+3)}{(a+5)(a+6)(a+7)},$$

等の恒等式が確かめられ，最初のひとつを除いて足すと零となるような有理式の系列の存在が期待される．各項の整数の係数は二項係数 ${}_n\mathrm{C}_k$ であることはわかるが，a の有理式の構造は多少入り組んでいる．ここで読者は上の例から恒等式の一般形を見抜いてみられたい．

答えは次のように与えられる：
$$\sum_{k=0}^{n}(-1)^k {}_n\mathrm{C}_k \frac{(a+2k)\times(a+1)(a+2)\cdots(a+k-1)}{(a+n+1)(a+n+2)\cdots(a+n+k)} = \delta_{n,0}. \quad (1)$$

ここに
$$\delta_{m,n} = \begin{cases} 1 & m = n \text{ のとき} \\ 0 & m \neq n \text{ のとき} \end{cases} \quad (2)$$

はクロネッカーのデルタ函数である．

以下，これに類似した有理式の恒等式の代表例をいくつか紹介する．そのような公式を簡便に書き表すために超幾何級数の記法を導入するのが便利である．

まず，shifted factorial を
$$(a)_0 = 1, \quad (3)$$

$$(a)_n = a(a+1)\cdots(a+n-1), \qquad n = 1, 2, \cdots \qquad (4)$$

と定める．階乗が $n! = (1)_n$ と書けるのでこの記号 $(a)_n$ は「ずらした階乗」と呼ばれる．ガウスの超幾何級数は

$$1 + \frac{ab}{1\cdot c}z + \frac{a(a+1)b(b+1)}{1\cdot 2\cdot c(c+1)}z^2 + \cdots \qquad (5)$$

なる級数である．このガウスの超幾何級数に関する概説は他の書物に譲るとして，ここではその一般化である

$$_rF_s\begin{bmatrix} a_1, a_2, \cdots, a_r \\ b_1, b_2, \cdots, b_s \end{bmatrix}; z = \sum_{n=0}^{\infty} \frac{(a_1)_n (a_2)_n \cdots (a_r)_n}{n!(b_1)_n \cdots (b_s)_n} z^n \qquad (6)$$

を考える．変数 z を主変数，その他の変数 $a_1, a_2, \cdots, b_1, b_2, \cdots$ を付属的変数とみなして $_rF_s$ の変数たちが配列されている．ガウスの超幾何級数は $r=2, s=1$ の場合 $_2F_1\begin{bmatrix} a, b \\ c \end{bmatrix}; z$ に相当する．

さて，(1) を超幾何級数を用いて整理しよう．簡単に確かめられるように

$$\frac{a+2k}{a} = \frac{(a+2)(a+4)\cdots(a+2k)}{a(a+2)\cdots(a+2k-2)} = \frac{(1+a/2)_k}{(a/2)_k},$$

である．この $(a/2)_k$ のように分母に 2 を持つ場合，ずれは「2 飛びで」波及することに注意されたい．

また $k = 1, 2, \cdots, n$ の場合には

$$(-n)_k = (-n)(-n+1)\cdots(-n+k-1) = (-1)^k \frac{n!}{(n-k)!},$$

そして $k = n+1, n+2, \cdots$ の場合には

$$(-n)_k = (-n)(-n+1)\cdots(-n+n)\cdots(-n+k-1) = 0,$$

となる．すなわち，非負整数 n に対して因子 $(-n)_k$ を分子に含む超幾何級数は有限項の和に打ち切れる．

これらを用いると (1) は次のように書ける．

命題 1 変数 a，非負整数 n に対して

$$_3F_2\begin{bmatrix} a, 1+a/2, -n \\ a/2, a+n+1 \end{bmatrix}; 1 = \delta_{n,0} \qquad (7)$$

が成立する.

和公式で扱われる超幾何級数では，この $_3F_2$ の場合のように，主変数 z を 1 に特殊化する．また，$(a)_n$ と $(a/2)_n$ のような異なるずれの周期を持つ shifted factorial が共存するような一連の公式が存在する.

2 Pfaff-Saalschütz の和公式

超幾何級数に親しむために，もうひとつ例題を見よう．前節の例は，足すと零になるような有理式であったが，今度は足すと変数の 1 次式の商に因数分解されるような有理式の例である．なお，級数の総和が因数分解されるような場合，その式のことを「和公式」と呼ぶのである.

3 つの変数 a,b,c に対して次のような等式が成り立つ：

$$1 = 1$$
$$1 - \frac{ab}{c(a+b-c)} = \frac{(c-a)(c-b)}{c(c-a-b)}$$
$$1 - 2\frac{ab}{c(a+b-c-1)} + \frac{a(a+1)b(b+1)}{c(c+1)(a+b-c-1)(a+b-c)}$$
$$= \frac{(c-a)(c-a+1)(c-b)(c-b+1)}{c(c+1)(c-a-b)(c-a-b+1)}$$

等.

これも超幾何級数を用いてまとめられる式で，Pfaff-Saalschütz の和公式と呼ばれる重要な公式である．(1797 年に Pfaff により導かれ，1890 年に Saalschütz により再発見された．) 上式の両辺を shifted factorial で整理し，超幾何級数の記号で表現することは読者への練習問題としておく.

命題 2 (Pfaff-Saalschütz の和公式) 変数 a,b,c, 非負整数 n に対して

$$_3F_2\left[\begin{matrix} a,b,-n \\ c, 1+a+b-c-n \end{matrix}; 1\right] = \frac{(c-a)_n(c-b)_n}{(c)_n(c-a-b)_n} \qquad (8)$$

が成立する.

3　Dougall の和公式と Bressoud の逆行列

超幾何級数の和公式の応用として，下三角行列の逆行列の問題を取り上げよう．
2 つの変数 a, b に依存する行列要素を持つ下三角行列

$$M(a,b) = \begin{pmatrix} m_{00}(a,b) & 0 & 0 & \cdots \\ m_{10}(a,b) & m_{11}(a,b) & 0 & \cdots \\ m_{20}(a,b) & m_{21}(a,b) & m_{22}(a,b) & \\ \vdots & \vdots & \vdots & \ddots \end{pmatrix} \quad (9)$$

の逆行列が何かある簡単な構造を持つようにしたい．ここでは，逆行列がもとの行列と変数の入れ換えをのぞいて同じもの $M(a,b)^{-1} = M(b,a)$ となる場合を考える．

D. M. Bressoud はこのような下三角行列の例を超幾何級数の和公式を用いて求めた [3](1983 年．正確には Bressoud は q 類似を扱った)．

命題 3 (Bressoud の逆行列)　下三角行列の行列要素を
$$m_{ij}(a,b) = \frac{(a+1)_{2j}}{(a)_{2j}} \frac{(b)_{i+j}}{(a+1)_{i+j}} \frac{(b-a)_{i-j}}{(1)_{i-j}} \quad (10)$$
にて定めると，$M(a,b)^{-1} = M(b,a)$ となる．

Bressoud の逆行列は次の J. Dougall の和公式 (1907 年) から従う．

命題 4 (Dougall の和公式)　変数 a, b, c, 非負整数 n に対して
$$\begin{aligned} &{}_5F_4\left[\begin{matrix} a, 1+a/2, b, c, -n \\ a/2, 1+a-b, 1+a-c, 1+n+a \end{matrix} ; 1\right] \\ &= \frac{(1+a)_n(1+a-b-c)_n}{(1+a-b)_n(1+a-c)_n} \end{aligned} \quad (11)$$
が成立する．

変数 b, c をうまく特殊化すると Dougall の和公式から命題 1 の公式が得られるので考えてみられたい．

Bressoud の逆行列の証明を試みよう．まず，shifted factorial の公式

$$(a)_{n+k} = (a)_n (n+a)_k,$$
$$(a)_{n-k} = \frac{(a)_n}{(1-n-a)_k}(-1)^k$$

は簡単に確認できる．$i \geq k$ を非負整数とすると，積 $M(a,b)M(b,a)$ の (i,k) 成分は

$$\sum_{j=k}^{i} m_{ij}(a,b) m_{jk}(b,a)$$
$$= \sum_{l=0}^{i-k} m_{i,k+l}(a,b) m_{k+l,k}(b,a)$$
$$= \sum_{l=0}^{i-k} \frac{(a+1)_{2k+2l}}{(a)_{2k+2l}} \frac{(b)_{i+k+l}}{(a+1)_{i+k+l}} \frac{(b-a)_{i-k-l}}{(1)_{i-k-l}}$$
$$\times \frac{(b+1)_{2k}}{(b)_{2k}} \frac{(a)_{2k+l}}{(b+1)_{2k+l}} \frac{(a-b)_l}{(1)_l}$$
$$= \frac{(a+1)_{2k}}{(a)_{2k}} \frac{(b)_{i+k}}{(a+1)_{i+k}} \frac{(b-a)_{i-k}}{(1)_{i-k}} \frac{(b+1)_{2k}}{(b)_{2k}} \frac{(a)_{2k}}{(b+1)_{2k}}$$
$$\times \sum_{l=0}^{i-k} \frac{(k+1+a/2)_l}{(k+a/2)_l} \frac{(i+k+b)_l}{(i+k+a+1)_l} \frac{(-i+k)_l}{(-i+k+1-b+a)_l}$$
$$\times \frac{(2k+a)_l}{(2k+b+1)_l} \frac{(a-b)_l}{(1)_l}$$

と書ける．右辺の級数は Dougall の和公式によって

$$_5F_4\left[\begin{array}{c} 2k+a, k+1+a/2, i+k+b, -i+k, a-b \\ k+a/2, i+k+1+a, -i+k+1-b+a, 2k+1+b \end{array}; 1\right]$$
$$= \frac{(2k+1+a)_{i-k}(-i+k+1)_{i-k}}{(-i+k+1-b+a)_{i-k}(2k+1+b)_{i-k}}$$
$$= \delta_{i-k,0}$$

となる．従って

$$\sum_{j=k}^{i} m_{ij}(a,b) m_{jk}(b,a) = \delta_{i,k}$$

となり，$M(a,b)^{-1} = M(b,a)$ を示すことができた．

4 Whippleの変換公式

次に，超幾何級数の変換公式の代表的な例を紹介する．変換公式は，見かけが異なるふたつの有理式の級数が相等しいことを意味する．超幾何級数の和公式と変換公式とを駆使するとさらに複雑な和・変換公式を導くことができる場合がある．興味を持たれた読者は文献 [1] 等を参考にいろいろな公式を研究してみては如何だろう．

F. J. W. Whipple は次の変換公式を示した (1926 年)．

命題 5 (Whippleの変換公式) 6つの変数 a, b, c, d, e, f と非負整数 n が関係式 $a+b+c+1 = d+e+f+n$ を満足するものとする．このとき

$$_4F_3\left[\begin{matrix}-n, a, b, c\\ d, e, f\end{matrix}; 1\right]$$
$$= \frac{(e-a)_n(f-a)_n}{(e)_n(f)_n} {}_4F_3\left[\begin{matrix}-n, a, d-b, d-c\\ d, 1+a-e-n, 1+a-f-n\end{matrix}; 1\right] \quad (12)$$

が成立する．

Whipple の変換公式は応用上極めて大切な公式である．紙数の関係上ここではごく簡単な例をひとつ示すだけにとどめておく．

まず，Pfaff-Saalschütz の和公式から

$$\frac{(c-a)_n(c-b)_n}{(c)_n(c-a-b)_n} = {}_4F_3\left[\begin{matrix}-n, a, b, z\\ z, c, 1+a+b-c-n\end{matrix}; 1\right]$$

が成立する．この右辺に Whipple の変換公式を用いると

$$\frac{(z-a)_n(1+b-c-n)_n}{(z)_n(1+a+b-c-n)_n} {}_4F_3\left[\begin{matrix}-n, c-b, c-z, a\\ c, 1+a-z-n, c-b\end{matrix}; 1\right]$$

となる．従って和公式

$$\frac{(c-a)_n(z)_n}{(c)_n(z-a)_n} = {}_4F_3\left[\begin{matrix}-n, c-b, c-z, a\\ c, 1+a-z-n, c-b\end{matrix}; 1\right]$$

が得られる．

5 Watson の変換公式と Rogers-Ramanujan の恒等式

最後に，超幾何級数の q 類似について少しだけ触れておく [2]. shifted factorial の q 類似を

$$(a;q)_0 = 1, \tag{13}$$

$$(a;q)_n = (1-a)(1-qa)\cdots(1-q^{n-1}a), \quad n=1,2,\cdots \tag{14}$$

と定め，$_rF_s$ の q 類似を

$$_r\phi_s\begin{bmatrix} a_1, a_2, \cdots, a_r \\ b_1, b_2, \cdots, b_s \end{bmatrix}; q, z\end{bmatrix}$$
$$= \sum_{n=0}^{\infty} \frac{(a_1;q)_n (a_2;q)_n \cdots (a_r;q)_n}{(q;q)_n (b_1;q)_n \cdots (b_s;q)_n} \left[(-1)^n q^{n(n-1)/2} \right]^{1+s-r} z^n \tag{15}$$

と定める.

G.N. Watson は次の変換公式を導いた (1929 年).

命題 6 (Watson の変換公式) a, b, c, d, e を変数とし，n を非負整数とするとき，

$$_8\phi_7\begin{bmatrix} a, qa^{1/2}, -qa^{1/2}, b, c, d, e, q^{-n} \\ a^{1/2}, -a^{1/2}, aq/b, aq/c, aq/d, aq/e, aq^{n+1} \end{bmatrix}; q, \frac{a^2 q^{n+2}}{bcde} \end{bmatrix}$$
$$= \frac{(aq;q)_n (aq/de;q)_n}{(aq/d;q)_n (aq/e;q)_n} {}_4\phi_3\begin{bmatrix} q^{-n}, d, e, aq/bc \\ aq/b, aq/c, deq^{-n}/a \end{bmatrix}; q, q\end{bmatrix} \tag{16}$$

が成立する.

Rogers-Ramanujan の恒等式とは次のような恒等式である.

命題 7 (Rogers-Ramanujan の恒等式) $|q| < 1$ とするとき

$$\sum_{n=0}^{\infty} \frac{q^{n^2}}{(q;q)_n} = \frac{(q^2;q^5)_\infty (q^3;q^5)_\infty (q^5;q^5)_\infty}{(q;q)_\infty}, \tag{17}$$

$$\sum_{n=0}^{\infty} \frac{q^{n(n+1)}}{(q;q)_n} = \frac{(q;q^5)_\infty (q^4;q^5)_\infty (q^5;q^5)_\infty}{(q;q)_\infty} \tag{18}$$

が成立する．ここに $(a;q)_\infty = \prod_{i \geq 0}(1-q^i a)$ である．

Watson は Rogers-Ramanujan の恒等式の簡単な証明を命題 6 と C. G. J. Jacobi の 3 重積公式を用いて与えた (1929 年).

命題 8 (Jacobi の 3 重積公式) $|q| < 1$ のとき
$$(zq^{1/2};q)_\infty (z^{-1}q^{1/2};q)_\infty (q;q)_\infty = \sum_{n=-\infty}^{\infty} (-1)^n q^{n^2/2} z^n \qquad (19)$$
が成り立つ.

命題 6 の変換公式で a だけ残して $b, c, d, e \to \infty$ の極限を取る. さらに $n \to \infty$ の極限を取る. このとき Watson の変換公式の右辺は
$$(aq;q)_\infty \sum_{k=0}^{\infty} \frac{a^k q^{k^2}}{(q;q)_k}$$
となり, $a = 1, q$ の場合に $(aq;q)_\infty$ を除いて Rogers-Ramanujan の恒等式の左辺を与える. 実際 $a = 1, q$ の場合に変換公式の左辺は Jacobi の 3 重積公式で足せる級数となり Rogers-Ramanujan の恒等式が証明される.

参考文献

[1] G. E. Andrews, R. Askey, R. Roy *"Special Functions"*, Cambridge University Press, 1999.

[2] G. Gasper, M. Rahman *"Basic Hypergeometric Series"*, Cambridge University Press, 1990.

[3] D.M. Bressoud *"A Matrix Inverse"*, Proc. AMS **88** (1983), pp.446–448.

新しいものを創造する力

対称化原理

杉原厚吉

1 分析か構成か

　数学の多くの定理は分析的である．すなわち，すでに目の前にある数学的対象に関して，その性質や内部構造を明らかにする．一方，数は少ないが，定理の中には構成的なものもある．これは，既にある対象について何かを述べるのではなくて，新しい対象を作り出せることを保証し，それを作り出すための具体的な手続きも与えてくれるものである．数理工学という工学の一分野に身を置く私にとって，このように新しいものを作り出す力をもった定理は美しいと感じられる．

　このような構成的定理の代表例として，ここでは対称化原理を取り上げよう．これは，自然数の世界で足し算に関していつでも逆演算ができるようにしたいという要求に答えて負の数が作られたり，整数の世界でかけ算に関していつでも逆演算ができるようにしたいという要求に答えて分数が作られたりしてきた歴史の，その底に横たわる定理である．その意味で，人類が非常に大きな恩恵を受けてきた定理といえよう．しかも，そのような日常生活において自明な例だけでなく，超関数・超図形などの新しい対象を作り出し，今も現役として活躍している定理である．

　なお，本稿では，この定理を「定理」とは呼ばないで「原理」と呼ぶが，これは文献 [1] に従ったものである．そして私自身も，これは「原理」と呼ぶにふさわしいと感じている．このことについては，最後にもう一度触れてみたい．

2　対称化

まずは代数の基本的なことがらをおさらいしておこう．

E を集合とする．E の任意の要素 a, b に対して E の中のある要素 $a \top b$ を対応させる算法 $\top$ が定義されているとする．任意の $a, b, c \in E$ に対して

$$(a \top b) \top c = a \top (b \top c) \tag{1}$$

が満たされるとき，$\top$ は**結合的**であるという．任意の $a, b \in E$ に対して

$$a \top b = b \top a \tag{2}$$

が満たされるとき，$\top$ は**可換**であるという．

任意の要素 $a \in E$ を固定する．このとき任意の $x \in E$ に対して $a \top x$ を対応させる写像が得られる．この写像が単射のとき (すなわち $x \neq y$ なら $a \top x \neq a \top y$ が成り立つとき) a は $\top$ に関して**正則**であるという．

例をあげよう．$\mathbb{N} = \{1, 2, \cdots\}$ を自然数全体からなる集合とする．通常の足し算 $+$ は，$\mathbb{N}$ の中のいたるところで定義された結合的で可換な算法である．そして，すべての自然数が $+$ に関して正則である．

通常のかけ算 $\times$ も $\mathbb{N}$ の中のいたるところで定義された結合的で可換な算法である．そして，すべての自然数が $\times$ に関しても正則である．

自然数はもっとも素朴で素直な数の世界であるが，この中で足し算やかけ算を扱おうとすると，不便なことがある．それは，$a, b \in E$ が与えられたとき

$$a + x = b \tag{3}$$

を満たす x を見つけたいとか

$$a \times y = b \tag{4}$$

を満たす y を見つけたいと思っても，それがいつも存在するとは限らないことである．

この不便さをなくすために，対象世界を拡大し，(3) や (4) の方程式がいつも解をもつようにできることを保証し，その具体的手段も提供してくれるのが，ここで注目する対象化原理である．これを，まずは直観的に述べてみよう．

結合的で可換な算法 $\top$ をもつ集合 E に話を戻そう．要素 $e \in E$ が，任意の $a \in E$ に対して $a \top e = a$ を満たすとき（$\top$ は可換だから，このときは $e \top a =$

a でもある), e を $\top$ に関する**中立元**と呼ぶ.一つの算法に対して,中立元はあるとしてもただ一つであることが分かる.中立元 e と一般の要素 $a, b \in E$ に対して $a \top b = e$ が満たされるとき,b を a の**対称元**といい,a と b は互いに**対称**であるという.$a \in E$ に対して,a の対称元 $b \in E$ が存在するとき,a は**対称化できる**という.このとき,対称化原理は次のように述べることができる.

対称化原理の直観的な表現 $\top$ は集合 E の要素の間のいたるところで定義された結合的で可換な算法とする.このとき,E をもっと大きな集合 $\overline{E}$ ($\supset E$) へ拡大して,$\top$ が $\overline{E}$ 内のいたるところで定義され,E のすべての正則元が $\overline{E}$ 内に対称元をもつようにできる.

この原理を模式的に図にしたのが図 1 である.実線で囲まれた領域が集合 E を表す.E の中は正則元の集合とそれ以外に分割される.図の破線で示した領域が,E を拡張してできる集合 $\overline{E}$ である.E 内の正則元に対しては,それぞれ対称元が $\overline{E}$ の中に存在する.$\overline{E}$ には中立元も含まれるようにできることがあとで分かる(中立元はもとの集合 E にはじめから含まれていることもある).

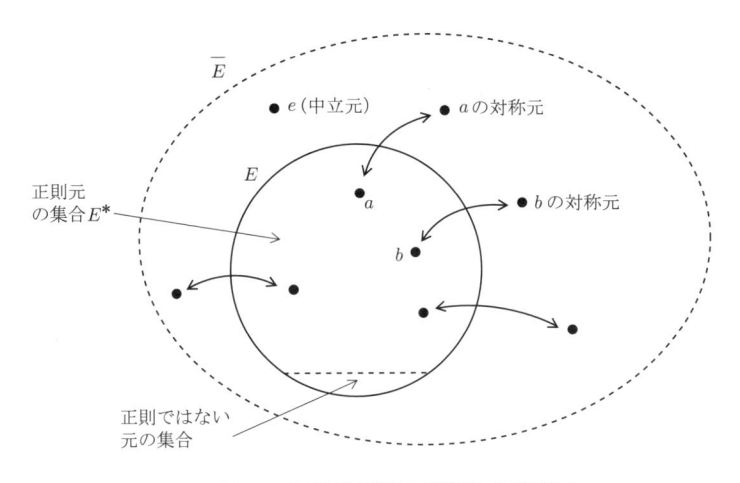

図 1 対称化原理の直観的な説明図

たとえば,自然数の全体 $E = \mathbb{N}$ と算法 $+$ に対しては,0 と負の整数を追加し

た整数全体の集合 $\mathbb{Z} = \{\cdots, -2, -1, 0, 1, 2, \cdots\}$ が対称化原理でいう $\overline{E}$ である．中立元は 0 であり，自然数 $n \in \mathbb{N}$ の対称元は負の整数 $-n$ である．中立元 0 が，もとの集合 E には含まれていないことにも注意していただきたい．

自然数の集合 $E = \mathbb{N}$ に対して，かけ算 $\times$ を考えたときには，自然数を分子・分母とする分数の全体 (すなわち正の有理数全体の集合) が $\overline{E}$ となる．そして，中立元は 1 であり，自然数 $n \in \mathbb{N}$ の対称元は分数 $\dfrac{1}{n}$ である．この場合は中立元 1 は，もとの集合 E に含まれている．足し算に関して対称化したときには，自然数の対称元と中立元が増えただけであったが，かけ算に関して対称化した場合には，自然数の対称元 (すなわち分子が 1 の既約分数) でも中立元でもないもの (分子が 1 以外の分数) も現れる．

次に，整数全体 $\mathbb{Z}$ を E とみなして，かけ算に関して対称化してみよう．対称化の結果できる集合 $\overline{E}$ は有理数全体の集合 $\mathbb{Q}$ である．この場合には，0 は正則ではないため，$\overline{E}$ において 0 の対称元は存在しない．0 以外の整数 $a \in \mathbb{Z}$ は正則であり，その対称元は分数 $\dfrac{1}{a}$ である．

$a \in E$ を正則元とし，$b \in E$ を任意の元とするとき，方程式

$$a \top x = b \tag{5}$$

は対称化された世界ではいつも解をもつ．実際，a の対称元を a' と書くと，$x = b \top a'$ が (5) の解である．

3 対称化の手続き

ここまでは，「負の数」とか「分数」というよく知っている概念を，対称化という筋書きに沿って整理しなおしただけである．これだけではつまらない．構成的な定理が真に威力を発揮するのは，それによって新しいものが作り出せたときである．実際，対称化によって新しいものが作り出された例として，超図形を取り上げたい．そのための準備として，ここでは，今までただ「できる，できる」とだけ言って，あとは読者のよく知っている例でお茶を濁してきた対称化が，いったいどのような手続きによってできるのかをちゃんとたどってみよう．

最初の設定に戻って，$\top$ を，集合 E のいたるところで定義された結合的かつ可換な算法とする．E の対称化は次の手続きで実行できる．記述が多少抽象的なの

で，話の筋道を見失わないように，それぞれのステップの最後には，整数全体の集合 $\mathbb{Z}$ をかけ算に関して対称化する場合の例も括弧に入れて示す．

ステップ 1　E の正則元の全体を E^* とおく．($E = \mathbb{Z}$ のとき $E^* = \mathbb{Z}^*$ は $\mathbb{Z} - \{0\}$ である．)

ステップ 2　$E' = E \times E^*$ とおく．($E \times E^*$ は E の任意の元 a と E^* の任意の元 b の順序対 (a, b) の全体を表す．要素 $(a, b) \in \mathbb{Z} \times \mathbb{Z}^*$ は，分数 a/b に対応する．$\mathbb{Z}^*$ は 0 を除いた集合であるから $b \neq 0$ であり，したがって a/b はいつも分数として意味をもつ．)

ステップ 3　任意の $(a, b), (a', b') \in E'$ に対して，算法 $\top'$ を

$$(a, b) \top' (a', b') = (a \top a', b \top b') \tag{6}$$

で定義する．(二つの分数 $a/b, a'/b'$ に対して，式 (6) は $(a/b) \times (a'/b') = (a \times a')/(b \times b')$ を表す．)

ステップ 4　任意の $(a, b), (a', b') \in E'$ に対して

$$ab' = a'b \tag{7}$$

が成り立つとき $(a, b) \sim (a', b')$ と書くことにする．(式 (7) は，a/b と a'/b' が約分すると同じ分数になることに対応する．)

関係 $\sim$ は，E' 内の同値関係である．すなわち任意の $x, y, z \in E'$ に対して，「(i) $x \sim x$, (ii) $x \sim y$ なら $y \sim x$, (iii) $x \sim y, y \sim z$ なら $x \sim z$」が満たされる．したがって，同値なものを同じとみなして同値類を作ることができる．また関係 $\sim$ は，算法 $\top'$ と両立する．すなわち，$x \sim x', y \sim y'$ なら $x \top' y \sim x' \top' y'$ が満たされる．したがって，もとの集合の算法を同値類の算法としてそのまま引き継ぐことができる．

ステップ 5　E' を同値関係 $\sim$ によって同値類に分割し，その結果得られる同値類の集合を $\overline{E} \equiv E'/\sim$ とおく．(分数の集合 E' において，約分すると同じものになる要素を同じものとみなした集合が $\overline{E}$ である．)　$x \in E'$ に対して，x が属す同値類を $[x] \in \overline{E}$ で表すことにする．

ステップ 6 $\overline{E}$ における算法 $\overline{\top}$ を, 任意の $[x], [y] \in \overline{E}$ に対して

$$[x]\overline{\top}[y] \equiv [x \top' y] \tag{8}$$

で定義する. (分数同士のかけ算を, かけたあとで約分してもよいことにする.)

任意の $a \in E^*$ に対して $(a, a) \in E'$ の同値類が, $\overline{\top}$ の中立元となる. このように中立元は, もとの集合 E の中に含まれていなくても, 対称化の過程で必然的に生まれる.『零の発見』という数学啓蒙書の名著 [2] があるが, 足し算に関する中立元である零も, 自然数を足し算に関して対称化する過程で生まれるべくして生まれたものであり, 確かに「発明」ではなくて「発見」だったのである.

一つの $a \in E$ に対して, 任意の $b \in E^*$ に対する対 $(a \top b, b) \in E'$ は同じ同値類に属する. そして, この同値類が $\overline{E}$ において a に対応する要素である. したがって, a を E 内で動かしたとき, このようにしてできる同値類の全体が図1の集合 $\overline{E}$ である.

一方, $[(a, b)] \in \overline{E}$ の対称元は $[(b, a)] \in \overline{E}$ である. よって, もとの集合の要素 $a \in E$ に対し, その対称元は, 任意の $b \in E^*$ を使って表せる同値類 $[(a \top b, b)] \in \overline{E}$ の対称元であるから, すなわち $[(b, a \top b)]$ である. こうして a は $\overline{E}$ に対称元をもつことが分かった.

4 構成的定理の威力——超図形

お待たせしました. 対称化原理が新しい概念を作り出す力をもっていることを図形に関する算法で示そう.

平面上の点の集合 X を図形と呼ぶ. 簡単のために直線分の辺だけで囲まれた凸な図形に限定しよう (図形 X が凸であるというのは, X 内の任意の2点を結ぶ線分がいつも X に含まれることを意味する). そのような図形は**凸多角形**と呼ばれる. 凸多角形全体の集合を E とおく. 図2にそのような図形の例を示す.

二つの図形 A, B に対して, 算法 $\oplus$ を

$$A \oplus B \equiv \{a + b \mid a \in A, b \in B\} \tag{9}$$

で定義する. $A \oplus B$ も図形である. これを A と B のミンコフスキー和という. ただし, 図形はそれに属する点の位置ベクトルの集合で表されるものとし, 式 (9)

(a)　　　　　　　　　(b)　　　　　　　　　(c)

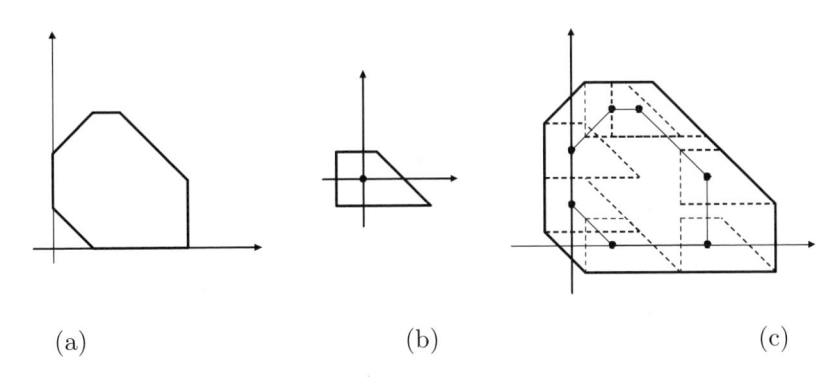

図 2　図形のミンコフスキー和.

の中の $a+b$ は位置ベクトルの足し算を表す.

図 2 (a),(b) に示す図形をそれぞれ A, B とするとき, $A \oplus B$ は同図の (c) に示すとおりである. 図形 B 内に任意に選んだ原点 (たとえば図 2 (b) の黒丸の点) が A の境界上を 1 周したとき, B が掃く図形と A の和集合が, 図形 $A \oplus B$ に一致する. また, B を 180° 回転させた図形 (これを $r(B)$ で表す) を A に接触させて A のまわりを 1 周したとき, B の基準点が描く軌跡が $A \oplus B$ の境界に一致する. ミンコフスキー和は, ロボット (たとえば図形 $r(B)$) が障害物 (たとえば図形 A) とぶつからないで動ける範囲を計算するときなどに役立つ.

さて, 任意の二つの図形 $A, B \in E$ に対して方程式

$$A \oplus X = B \tag{10}$$

は解をもつとは限らない. したがって, ロボットの動作計画などを立てる計算では, 計算結果が意味のある図形の範囲をはみ出さないように細心の注意を払う必要があった.

一方, 算法 $\oplus$ は, 結合的かつ可換で, E 内のすべての要素が正則である. したがって, 対称化が適用でき, 対称元を含む世界 $\overline{E}$ を構成できる.

この世界では方程式 (10) がいつも解をもつ. そのため, 計算結果が意味を持たなくなるかもしれないという心配をしないで, 自由に計算ができるようになった. $\overline{E}$ には, 図形以外の要素が現れるが, これを**超図形**と名付けた. 超図形は, ロボットが障害物を避けながら加工作業を行う際の加工能力を表すことができる. 詳し

くは，[4] などを参照されたい．

ここでは凸多角形に限定して紹介したが，超図形の概念は，凸とは限らない任意の多角形に対しても，さらに有限個の凸図形の和集合で表すことのできる図形（これは一般に曲線で囲まれた図形となる）にも拡張できる [3,5]．

5 おわりに

対称化原理と呼ばれる定理が，負の数や分数が生まれる必然性を示す，根源的な定理であると同時に，超図形という新しい概念を生み出す力ももったきわめて生産的な定理であることを見てきた．

本稿では，一つの算法をもつ集合に対して対称化を考えてきたが，自然数や整数の世界には，足し算とかけ算が同時に存在しており，対称化によって拡大された世界でも，二つの算法がともに生き残っている．このことは偶然ではなくて，立派な定理が背景にある．すなわち 2 種類の算法をもった整域と呼ばれる代数系に対していつでも対称化の操作が可能で，その結果，より大きな代数系が得られるが，これは商体と呼ばれる．詳しいことは代数の教科書など [1,6] を参照されたい．

連続関数の世界に足し算と合成積と呼ばれる算法を考えると整域となる．したがって，これから商体が作られる．これによって関数の世界が拡張され，演算子とか超関数と呼ばれる一群の対象が生まれる．そして，これはある種の微分方程式の解法を著しく簡単にするのに役立っている．これも，対称化の威力を示すよい例であろう．詳しいことを知りたい方は，文献 [7] などを参照されたい．

物理学の世界では，原理と言えば，エントロピー増大の原理など，根源的性質であって，なぜそれが成り立つかはひとまず横に置いて，それが成り立つことを前提として議論を積み上げる土台となるものをさす．数学の世界では，対称化「原理」と言っても，それがなぜ成り立つかは不問に付すわけではなく，さすがにちゃんと証明できる「定理」である．しかし，定理とは呼ばず原理と呼ばれるのは，それが原理と呼びたくなるほど基本的な性質を表していると多くの人が感じるからであろう．対称化原理は，そのような重さと力強さを内に秘めた定理であると思う．そして，そのことが工学的立場から見ると，きわめて美しいのである．

参考文献

[1] ブルバキ『数学原論 代数 1』(銀林浩・清水達雄訳), 東京図書, 1968.

[2] 吉田洋一『零の発見——数学の生い立ち』, 岩波書店 (岩波新書), 1939.

[3] K. Sugihara *"Hyperpolygons generated by the invertible Minkowski sum of polygons"*, Pattern Recognition Letters **25** (2004), pp.551–560.

[4] 杉原厚吉「超ロバスト幾何計算 (1) 超図形」『数学セミナー』2006 年 4 月号, pp.66–71.

[5] K. Sugihara, T. Imai, T. Hataguchi *"An algebra for slope-monotone closed curves"*, International Journal of Shape Modeling **3** (1997), pp.167–183.

[6] 杉原厚吉・今井敏行『工学のための応用代数』, 共立出版, 1999.

[7] ミクシンスキー『演算子法 (上巻)』(松村英之・松浦重武訳), 裳華房, 1963.

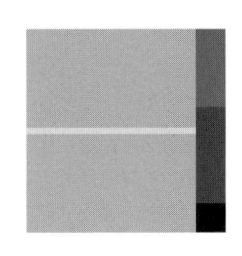

複素数と繰り返しが織りなす世界
サリバンの遊走領域非存在定理
角 大輝

　私は「複素力学系」と呼ばれる純粋数学のなかで，比較的応用数学に近い分野を専攻しております．大学入学時には，数学に興味があったものの，純粋数学を勉強することに(世の中に役に立たないなどと思い込んでいて)大きなためらいがあり，数学を使った数理モデルの分野，とくに数理生物学を勉強しようかと思っていました．しかしその後生物学についてはほとんど勉強しないまま挫折してしまい，生物学のことはすっかり忘れて，結局純粋数学を専攻することにしました．数学では複素数の世界に興味があったので，学部卒業研究では「複素解析」を扱う講座のセミナーを選択しました．その講座でその年度に扱われていたのが「複素力学系」のテキスト [1] でした．以下で述べますが，実はこの複素力学系は数理生物学に一つの研究動機を持ちます．このことを複素力学系をしばらく勉強してから初めて知り，大変びっくりしたと同時に，これこそが自分のしたかったことではないか…と思い始めて，今日にいたります．ここでは，複素力学系の分野でもっとも有名，深遠，魅力的で，かつ簡潔明瞭に記述される定理「サリバンの遊走領域非存在定理」を紹介いたします．

1　複素力学系：漸化式の話を複素数にまで拡げる

　高校で習う数学の話題を思い起こします．高校では，$z_{n+1}=\frac{1}{3}z_n-1$ などで表される漸化式を習いました．これの第 n 項を初期値と n で表して，n を無限大に飛ばしたときの極限はどうなるか…などという問いを考えました．それでは漸

化式を $z_{n+1} = z_n^2 - 1$ などとするとどうなるのでしょう.

このような問題は,実際に生物学などの数理モデルで扱われます.例えば,ある地域に棲んでいる昆虫 A の,第 n 年度の個体数を z_n とします.昆虫 A は一年に一度卵を産んで子孫を残しますので,昆虫 A の個体数の変化を追うには,時間は連続的ではなく離散的に流れるとしたほうが現実に合います.個体数が多いほど産まれる子供が多くてその時点で多くの子孫が残る,と考えると,第 $(n+1)$ 年度への個体変化数 $z_{n+1} - z_n$ は z_n に比例するというモデル,つまり,ある正定数 a によって任意の $n \in \mathbb{N}$ に対して

$$z_{n+1} = z_n + az_n$$

となる,というモデルが考えられます.しかし,昆虫 A が閉じた地域に棲んでいる以上,餌の量や棲める場所の面積は限られますから,ある正定数 K によって $z_{n+1} - z_n$ は $K - z_n$ にも比例する,とも考えられます.この考え方に沿うと,z_n らは,次の漸化式

$$z_{n+1} = z_n + az_n(K - z_n), \qquad \text{ただし } a, K \text{ は } n \text{ によらない正定数}$$

を満たすことになります.上記の右辺が z_n の 2 次多項式になっていることに注意してください.

一般に,$f(z)$ を z の 2 次以上の多項式 (有理関数でもよい) として,$z_{n+1} = f(z_n)$ で表される漸化式を考えてみましょう.高校の時と違うのは,右辺が 2 次以上になることです.すると,第 n 項を初期値 z と n で表すということは,一般に不可能になります.それでもなお,n を無限大に飛ばすとき,z_n がどのあたりを動くかを考えてみましょう.これは初期値 z によってまったく様子が異なります.このことが以下のテーマになります.

なお,初期値は複素平面に無限遠点 ∞ という一つの点を付け加えた,リーマン球面 $\widehat{\mathbb{C}} = \mathbb{C} \cup \{\infty\}$ から取ってくることにしましょう.多項式 f が実数係数であっても,複素数初期値まで話を拡げたほうが,見やすくなるのです.複素数で話をしておいて,実直線上に制限すれば,実直線上の漸化式の話に帰ります.なお,もちろん複素係数多項式 $f(z)$ で複素数上の漸化式を考えることができます.

リーマン球面について説明しておきますと,複素平面の一点コンパクト化のことです.もしくは,複素平面を大きな風呂敷だと思って,端のほうをくくって茶

巾絞りにしたものだと思って下さい.

上のように, 空間 X の上で何か写像 f を一つ決め, 初期値を X から取って f を繰り返し施して軌道がどうなるかを見る分野を (離散) 力学系といいます. 空間が実数上で定義された図形なら実力学系, 複素数上で定義された図形で複素微分可能な写像に対して行うものを複素力学系といいます.

なお, 多項式の零点を探す「ニュートン法」は有理関数による漸化式を考えることになりますが, これも複素力学系の研究動機の一つです.

2 複素平面の 2 分割：穏やかな初期値と鋭敏な初期値

リーマン球面というのは文字どおり 3 次元空間に浮いた球面と思えますので, その上に球面距離 (3 次元空間のユークリッド距離で測った距離) があります. それを d と書きます. リーマン球面上の初期値 z に対して, それを少し動かしても後の影響が少ないとき, z を**穏やかな初期値**と呼ぶことにします. また, そうでないとき, つまり少し動かすと後の影響が少なからずあるとき, z を**鋭敏な初期値**と呼ぶことにします. きちんと定義すると, z が穏やかな初期値であるというのは, z の $\widehat{\mathbb{C}}$ でのある近傍 U があって, そこで写像族 $\{f^n\}_{n \in \mathbb{N}}$ (注：f^n とは f を $\widehat{\mathbb{C}} \to \widehat{\mathbb{C}}$ の写像と思ったときの, f の n 回合成写像のこと) が同程度連続である, ときをいいます. もう少し説明すると, 一般に写像族 $\{g_\alpha\}_{\alpha \in A}$ が U 上で同程度連続, というのは, 任意の $z_1 \in U$ と $\varepsilon > 0$ に対してある $\delta > 0$ が取れて「$d(z_1, z_2) < \delta$, $z_2 \in U$ ならば任意の $\alpha \in A$ について $d(g_\alpha(z_1), g_\alpha(z_2)) < \varepsilon$ となる」ときをいいます.

リーマン球面 $\widehat{\mathbb{C}}$ 上の穏やかな初期値を集めたものを, f の**ファトウ集合**, 鋭敏な初期値を集めたものを f の**ジュリア集合**と呼ぶこともあります. ファトウとジュリアというのは, 複素力学系の 1910 年代の先駆者のお二人のお名前です.

定義からファトウ集合は開集合, ジュリア集合は閉集合です. また, いずれの集合も, f, f^{-1} で不変, つまり $f^{-1}(K) = K = f(K)$ という性質を持ちます. また, ジュリア集合は f が 2 次以上の有理関数なら, 必ず空でないことが示されます. なお有理関数 $f(z) = p(z)/q(z)$ (ここで $p(z), q(z)$ は互いに素な多項式) について, その次数とは $p(z), q(z)$ の次数の大きい方を指します. ジュリア集合の基本的な性質を挙げておきます.

定理 1 ([4], [1])　f を 2 次以上の有理関数とする．

（1）ジュリア集合はリーマン球面全体であるか，そうでなければ内点を持たない．つまり，どんな円板も含み得ない．

（2）z_0 がジュリア集合の点であるとき，ジュリア集合に交わるどんな円板も，z_0 のある f^n によるある逆像を含む．

（3）ジュリア集合は孤立する点を持たない．つまり，ジュリア集合の任意の点 z_0 に対して，その点を中心とする任意の円板は，ジュリア集合の z_0 以外の点を含む．このことから特に，ジュリア集合は自然数全体より真に多くの濃度の点を含むことがわかる．

（4）ジュリア集合は次の意味で細部をいくら拡大しても全体と似る．つまり，U をジュリア集合に交わる任意の円板とすると，ある n があり，$f^n(J(f) \cap U) = J(f)$ となる．ただし，$J(f)$ は f のジュリア集合．

上の 2 番目の事実を使うと，コンピュータでジュリア集合の近似絵を描くことができます．つまり，複素平面から一点をとってきて（ジュリア集合の点でなくても近似絵はできます），それを f で引き戻して点を打ち，それらをまた f で引き戻して点を打ち，とこれを繰り返していきます．

4 番目の性質は，**自己相似性**と呼んでいます．細部を拡大すると全体と似ている図形は，我々はよく目にしています．樹木，雪の結晶，カリフラワーの表面，…．このような複雑図形を「フラクタル」といいます．コンピュータ・グラフィクスによるジュリア集合の絵を見ると，多項式によっては樹木や雪の結晶に酷似していたりします．ここでは $f(z) = z^2 - 1$ のジュリア集合のグラフィクスを参考までに載せます（図 1 参照）．なお 2 次以上の有理関数 f のジュリア集合では，z_n

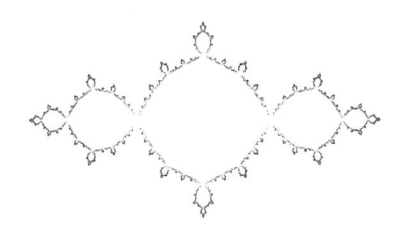

図 1　$f(z) = z^2 - 1$ のジュリア集合の絵

らがまるで予測不能のような動き (カオスといいます) をする初期値 z_0 が稠密にあることが知られています.

3　穏やかな初期値集合上での振る舞いと遊走領域非存在定理

ファトウ集合から初期値を取ってくると，どんなことが言えるのでしょうか．少しずらしても後に影響が少ないということから，何か極限に関しての情報が得られそうです．1980 年代はじめに，D. Sullivan (サリバン) は以下の定理を示しました．

定理 2 (サリバンの遊走領域非存在定理)　V を 2 次以上の有理関数 f のファトウ集合の連結成分とする．このとき，ある自然数 m, n があって，$f^m(f^n(V)) = f^n(V)$ となる．

ここで一般に V が f のファトウ集合の連結成分のとき，$f^n(V)$ も f のファトウ集合の一つの連結成分になることに注意しておきます．

この定理の主張は簡潔明瞭で，誰でも何を述べているのかすぐにわかります．しかしその証明は一筋縄ではいきません．ある大道具を組み立て，壮大な理論を構築したのちに，その一つの帰結として示されることがわかるのです．証明のあらすじを次節に紹介いたします．ところで上の定理の主張が成り立つかどうかは，1910 年代にファトウ，ジュリアらによって複素力学系が創始されて以来，重大な問題でした．なお，定理の主張の「遊走領域」という名称についてですが，ファトウ集合の連結成分 V で「$\{f^n(V)\}_{n\in\mathbb{N}}$ の各メンバーが互いに交わらない」ようなものを遊走領域と呼んでいたのでした．上記の定理は，そのような領域は有理関数の力学系ではありえない，といっているわけです．

上記の定理のありがたみを味わってみることにしたいと思います．先に述べたように，V が f のファトウ集合の連結成分のとき $f^n(V)$ も f のファトウ集合の一つの連結成分になりますが，ここで，2 次以上の有理関数 f のファトウ集合の連結成分 U について，ある m で $f^m(U) \subset U$ となったとしましょう．このような U を周期的連結成分といい，上のような m のうち最小のものを U の周期といいます．この状況のとき，$g := f^m|_U : U \to U$ について，U から初期値を取って

きて g を施していくとどうなるか考えてみます．次の定理が知られています．

定理 3 ([4], [1]) (**周期的連結成分の分類**)　上のとき，次の 5 種類のパターンがある．

（1）(**超吸引的**)　$g(z_0) = z_0$ を満たす $z_0 \in U$ がただ一つある．それは $g'(z_0) = 0$ を満たす．また，列 $\{g^p\}_{p \in \mathbb{N}}$ は U に含まれる各コンパクト集合上，定数関数 z_0 に一様収束する．

（2）(**吸引的**)　$0 < |g'(z_0)| < 1$ である以外は (1) と同じ．

（3）(**放物的**)　$g(z_0) = z_0, z_0 \in \partial U, g'(z_0) = 1$ を満たす点 z_0 があり，列 $\{g^p\}_{p \in \mathbb{N}}$ は U に含まれる各コンパクト集合上，定数関数 z_0 に一様収束する．

（4）(**ジーゲル円板**)　$g(z_0) = z_0$ を満たす $z_0 \in U$ がただ一つある．そして，U から単位円板 D への全射一対一の複素微分可能写像 $h : U \to D$ とある無理数 α があり，$z \in D$ に対して $hgh^{-1}(z) = e^{2\pi i \alpha} z$ となる．つまり，$g : U \to U$ は，単位円板上の無理数回転写像と思える．

（5）(**エルマン環**)　ある $r > 1$，ある無理数 α そしてある全射一対一の複素微分可能写像 $h : U \to \{1 < |z| < r\}$ があって，$hgh^{-1}(z) = e^{2\pi i \alpha} z$ となる．つまり，$g : U \to U$ は，円環上の無理数回転写像と思える．

定理 2, 3 を組み合わせると，ファトウ集合のどんな初期値 z からはじめても，それはいつか周期的な連結成分 U に落ち込み，U 上では定理 3 の 5 つのパターンのどれかである，ということになり，ファトウ集合の上での力学系はほぼ理解できた，ということになります．なお多くの場合にファトウ集合の連結成分は無限個ありますので，周期的連結成分に落ち込むというのはまったく非自明なことです．

ファトウ集合上の力学系の具体例を見るために，先の図 1 で取り上げた多項式 $f(z) = z^2 - 1$ を見てみましょう．図 1 の外側から初期値 z を持ってくると，それはファトウ集合の ∞ を含む連結成分 U_∞ に属していて，U_∞ は定理 3 の超吸引的領域であることがわかりますので，$f^n(z)$ は ∞ に収束することがわかります．その一方で，図 1 の内側にあるファトウ集合の連結成分の一つから初期値 z を持ってくると，$f^n(z)$ は，$-1, 0, -1, 0, \cdots$ の繰り返しパターンに近づいていくことがわかります．ファトウ集合の 0 を含む連結成分 U_0 は周期 2 の超吸引的領域になっています．

4 サリバンの遊走領域非存在定理の証明の概略

この節ではサリバンの遊走領域非存在定理の証明の概略を述べてみたいと思います．その証明のために，サリバンは，以下に与えるような壮大で魅力的な理論を構築いたしました．複素平面の領域を複素解析的に張り合わせて作った図形を「リーマン面」と呼びますが，まず，その「張り合わせ方」の変形を考え，その変形全体を空間とみなす，という理論が必要になります．それを「リーマン面の複素構造の変形理論」もしくはこの理論の創始者の名前から**タイヒミュラー空間論**といいます ([2], [3])．

サリバンはこれを有理関数 f の力学系の話に合わせて発展させ，「リーマン球面上の $\{f^n\}_{n\in\mathbb{N}}$ の作用込みでの変形の空間」を新たに考えました．その定義を大雑把に述べると，「リーマン球面のゆがみ具合のうち f で不変なものの全体 (をある同値関係で割ったもの)」となります．これを f の力学系の変形空間と呼ぶことにしましょう．

具体例を挙げてみます．$f(z) = z^2 + c$ ($c \neq 0$, $|c|$ は十分小) のとき，ファトウ集合には吸引的な周期 1 の連結成分 U と，無限遠点を含む超吸引的な周期 1 の連結成分 U_∞ があります．U から派生する変形具合は，f を微分して 0 になる点の軌道を U から抜いたものに対して f で写りあう点同士を同一視した図形，つまりドーナツの皮から一点を抜いた図形の変形具合と同じになり，それは複素一次元分です．U_∞ から派生する分はありません．また，この f のジュリア集合は 2 次元面積 0 なのでその上での変形分もありません．以上で，f の変形具合は，複素 1 次元分，となります．

一般の f に対して変形空間の次元を考えます．f の力学系の変形空間の各点に対して，f を変形した有理関数 g を与えることができます．この写像：

$$\Phi : f\text{の力学系の変形空間} \to \text{有理関数の空間を共役で割ったもの}$$

は一対一であることがわかります．また，「次数 d の有理関数全体の空間」は係数によるパラメータ付けがあることより有限次元です．よって，f の力学系の変形空間は有限次元となります．

さて，さきのサリバンの遊走領域非存在定理の証明にもどります．この定理が成り立たないとして，矛盾を導くことにします．この定理が成り立たないと，f

のファトウ集合のある連結成分 U が存在して，$\{f^n(U)\}_{n\in\mathbb{N}}$ の各メンバーは，互いに交わらないことになります．少し議論すると，各 $f^n(U)$ は，穴が開いておらず，f の微分が 0 になるところは含んでいない，としてよいことになります．すると，U 上で何か変形を与えると，それはそのまま $\bigcup_{n\in\mathbb{N}} f^n(U)$ の上の変形を与えることになります．U 上での変形具合は無限次元あるので，結局 $\bigcup_{n\in\mathbb{N}} f^n(U)$ 上の変形空間ひいては f の変形空間全体が無限次元あることになってしまい，矛盾となります．つまりこのサリバンの遊走領域非存在定理は，実は f の力学系の変形空間が有限次元であることの直接の帰結なのです．以上についての詳しい説明は，専門書 [1], [6] や論文 [5] をご覧下さい．

なお，遊走領域の非存在定理は，超越的整関数 (つまり多項式で表されない $\mathbb{C}$ 上の正則関数) の力学系では，成り立ちません．たとえば $f(z) = z - e^z + 1 + 2\pi i$ では，定理は成り立ちません (ベーカーの例，[6] 参照)．超越的整関数の力学系の変形空間は，一般には無限次元になります．

5　遊走領域非存在定理とその証明が与えた影響

リーマン面の複素構造の変形を考えるタイヒミュラー空間論は，1960 年代に入ってアールフォルスやベアスの理論整備などによって大いに発展していました．複素力学系の研究は 1910 年代に始まってからしばらく停滞していたのですが，サリバンが 1980 年代にタイヒミュラー空間論を応用・発展させることによって遊走領域非存在定理を証明し，複素力学系理論の研究は見事に蘇ったのです．その後，サリバンのアイデアを軸として，複素力学系理論は爆発的発展を遂げています．

ところで，有理関数の力学系の話に近いものとして，「クライン群」の話があります．クライン群とは，複素一次分数変換の群で位相的に離散的なものを指します．いくつかの例外を除くリーマン面は単位円板をクライン群の作用で割ることによって得られ，3 次元多様体のかなり多くのものは，3 次元球をクライン群の作用で割ることによって得られます．このことから，クライン群のリーマン球面への作用 (力学系) は，大変重要な研究対象です．サリバンが遊走領域非存在定理を証明した際，有理関数の力学系の変形空間を考えましたが，その枠組みはクライン群でも構成することができます．このことによって，サリバンは，有理関数

に対する遊走領域非存在定理と同時に，有限生成クライン群において遊走領域非存在定理に相当するものをも証明しました．つまり，サリバンは，有理関数の力学系と有限生成クライン群論は，同じ土俵で扱える可能性があり，似た現象を持ちうるのだと指摘したわけです．実際，有理関数の力学系と有限生成クライン群の両者で対応する現象が次々と見つかっており，その対応表は「サリバンの辞書」といわれるようになりました．これは有理関数の力学系とクライン群論の両者に大いに刺激を与えています．

遊走領域非存在定理とその証明をとおして，現実世界の数理モデルという具体的なものが，2次元と3次元の幾何学という抽象数学の非常に奥深いところまでつながるさまを見てきました．もともとの昆虫の個体数の変動を記述するモデルに立ち返れば，このモデルを調べるのに，誰がリーマン面の複素構造の変形空間の話をさらに強力にしたものが必要だと思ったでしょうか．

現実世界における現象を数理的に記述しようとして数理モデルをたてると，その解析は泥臭いものになるという印象を私は持っていました．遊走領域非存在定理に関する理論は，その実際の泥臭さと数学の奥深い理論の華麗さとを見事に接続する架け橋のように思えて，これが私には大変に魅力的に映ります．また，その架け橋の橋脚の部分に「リーマン面の複素構造の変形理論」という多くの人々によって研究されてきた立派な基礎的土台が用いられていることには，「古くからの様々な研究者の知恵の結びつきとその結晶化により全数学体系が発展していく」ということが如実に物語られているように思え，思わず感心させられてしまいます．

参考文献

[1] A. Beardon *"Iteration of Rational Funcitions"*, Graduate Texts in Mathematics 132, Springer-Verlag, 1991.

[2] 今吉洋一，谷口雅彦『タイヒミュラー空間論』，日本評論社，1989.

[3] O. Lehto *"Univalent Functions and Teichmüller Spaces"*, Graduate Texts in Mathematics 109, Springer-Verlag, 1987.

[4] J. Milnor *"Dynamics in One Complex Variable"* 3rd ed., Annals of Math. Studies 160, Princeton University Press, 2006.

[5]　C. T. McMullen, D. P. Sullivan *"Quasiconformal homeomorphisms and dynamics III: The Teichmuller space of a holomorphic dynamical system"*, Adv. Math. **135**, no.2 (1998), pp.351–395.

[6]　上田哲生，谷口雅彦，諸澤俊介『複素力学系序説』，培風館，1995．

[7]　Morosawa, Nishimura, Taniguchi, Ueda *"Holomorphic Dynamics"*, Cambridge Studies in Advanced Mathematics 66, Cambridge University Press, 2000.

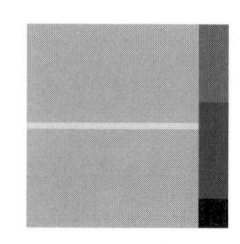

思いがけぬ活用法

不確定性原理とその応用

立澤一哉

1 不確定性原理

不確定性原理とは，Heisenberg により 1927 年に提唱された量子力学における原理である．本稿ではこの不確定性原理に関連した調和解析の話題と，シュレディンガー作用素の負の固有値に関連した話題について述べる．ここで説明したいことは，不確定性原理そのものが美しいというよりも，この不確定性原理に基づく考え方の応用の美しさである．

量子力学においては，1 個の粒子の振舞いは，状態関数と呼ばれる関数 $\psi(x)$ により表現される．ここでは簡単のために 1 次元の場合を考える．$L^2(\mathbb{R})$ を，$\mathbb{R}$ 上の可測関数 $f(x)$ で，

$$\int_{\mathbb{R}} |f(x)|^2 \, dx < \infty$$

となるもの全体の成す集合とし，そのノルムは

$$\|f\| = \left(\int_{\mathbb{R}} |f(x)|^2 \, dx \right)^{1/2}$$

で定義されるものとする．また $f, g \in L^2(\mathbb{R})$ に対し，それらの内積を

$$(f, g) = \int_{\mathbb{R}} f(x) \overline{g(x)} \, dx$$

で定義する．$L^2(\mathbb{R})$ はその完備性が証明でき，いわゆるヒルベルト空間となる．このとき粒子の状態関数は，$\psi \in L^2(\mathbb{R})$ で $\|\psi\| = 1$ となる関数で表され，$|\psi(x)|^2$

が粒子の位置に関する確率密度関数となる．すなわち状態関数が ψ で表される粒子が，$\mathbb{R}$ の可測集合 E 内に見出される確率は，

$$\int_E |\psi(x)|^2\,dx$$

で与えられる．また，その粒子の運動量が E 内に見出される確率は，

$$\frac{1}{2\pi}\int_E |\widehat{\psi}(\xi)|^2\,d\xi,$$

で与えられる．ここで $\widehat{\psi}$ は ψ のフーリエ変換

$$\widehat{\psi}(\xi) = \int_{\mathbb{R}} \psi(x) e^{-i\xi x}\,dx$$

である．もちろんこのフーリエ変換の定義は $\psi(x)$ が可積分の場合であり，一般の $\psi \in L^2(\mathbb{R})$ に対しては，拡張した形で定義する必要がある．

またさらに

$$x\psi(x) \in L^2(\mathbb{R}), \qquad \xi\widehat{\psi}(\xi) \in L^2(\mathbb{R}),$$

と仮定し，

$$x_0 = \int_{\mathbb{R}} x|\psi(x)|^2\,dx, \qquad \xi_0 = \frac{1}{2\pi}\int_{\mathbb{R}} \xi|\widehat{\psi}(\xi)|^2\,d\xi,$$

$$\sigma_x(\psi) = \left\{\int_{\mathbb{R}} (x-x_0)^2 |\psi(x)|^2\,dx\right\}^{1/2},$$

$$\sigma_\xi(\psi) = \left\{\frac{1}{2\pi}\int_{\mathbb{R}} (\xi-\xi_0)^2 |\widehat{\psi}(\xi)|^2\,d\xi\right\}^{1/2}$$

とおく．これらは，粒子の位置及び運動量に関する確率密度関数の平均及び標準偏差を表している．このとき次の定理が成り立つ．

定理 1 (不確定性原理) $\psi \in L^2(\mathbb{R})$ は，

$$\|\psi\| = 1, \qquad x\psi(x) \in L^2(\mathbb{R}), \qquad \xi\widehat{\psi}(\xi) \in L^2(\mathbb{R})$$

を満たすとする．このとき

$$\frac{1}{2} \leq \sigma_x(\psi)\sigma_\xi(\psi)$$

となる．また等式が成り立つのは，定数 $c \in \mathbb{C}$, $\lambda > 0$ を用いて

$$\psi(x) = ce^{i\xi_0 x - \lambda(x-x_0)^2}$$

と表せるときに限る．

この不確定性原理は，量子力学においては，粒子の位置と運動量を両方とも同時に正確に求めることはできないことを表している．このことは数学的には，$\psi(x)$ を x_0 の周りに局在させ，かつ同時に $\widehat{\psi}(\xi)$ を ξ_0 の周りに局在させるという状況を考えたときに，その局在の仕方には制限があることを示している．すなわち $\psi(x)$ を x_0 の周りに局在させようとすると，$\widehat{\psi}(\xi)$ は拡がってしまい，逆に $\widehat{\psi}(\xi)$ を ξ_0 の周りに局在させようとすると，$\psi(x)$ は拡がってしまうという状況を表している．ちなみに $\psi(x)$ と $\widehat{\psi}(\xi)$ の両方が，コンパクトなサポートを持つようにはできないことを注意しておく．ここで $\mathbb{R}$ 上の関数 $f(x)$ のサポートとは，集合 $\{x \in \mathbb{R} : f(x) \neq 0\}$ の閉包のことであり，supp f と表される．supp f が有界であるとき，$f(x)$ はコンパクトなサポートを持つという．

本稿ではこの不確定性原理に関連したいくつかの話題を述べ，これがどのように関係するかについて説明する．

ψ_i 及び $\widehat{\psi_i}$ 両方がある程度局在しているような，$L^2(\mathbb{R})$ の正規直交基底 (完全正規直交系) $\{\psi_i : i \in \mathbb{N}\}$ は存在するか，という問題を考える．もしこのような正規直交基底が存在するならば，任意の $f \in L^2(\mathbb{R})$ に対して

$$f = \sum_{i=1}^{\infty} (f, \psi_i)\psi_i$$

と展開できるわけだが，上の不確定性原理の観点から，ψ_i はある意味関数の最小のかたまりのようなもので，従って上の式は，f をそのような特徴を持った関数系を用いて表現するということになる．

この問題はいろいろと難しい点を含んでいる．例えば次の定理が成り立つ．

定理 2 (Balian–Low, 1981,1985)　$\varphi \in L^2(\mathbb{R})$ とし，整数 m, n に対して

$$\varphi_{m,n}(x) = e^{2\pi i m x}\varphi(x-n)$$

とおき，関数系

$$\{\varphi_{m,n} : m, n \in \mathbb{Z}\}$$

が $L^2(\mathbb{R})$ の正規直交基底になるとする．このとき

$$\int_\mathbb{R} x^2 |\varphi(x)|^2\, dx = \infty$$

または

$$\int_\mathbb{R} \xi^2 |\widehat{\varphi}(\xi)|^2\, d\xi = \infty$$

が成り立つ．

すなわち例えば φ としてシュワルツの急減少関数をとった場合，定理における $\{\varphi_{m,n}\}$ の形では，正規直交基底を作ることができないということを意味している．ここで $\varphi(x)$ がシュワルツの急減少関数であるとは，任意の 0 以上の整数 α, β に対し，ある正の定数 $C_{\alpha,\beta}$ が存在して，

$$|x^\alpha \varphi^{(\beta)}(x)| \leq C_{\alpha,\beta} \qquad (x \in \mathbb{R})$$

となるときをいう．ただし $\varphi^{(\beta)}$ は，φ の β 次導関数を表すものとする．

2 ウェーブレット基底，ウィルソン基底

ψ_i 及び $\widehat{\psi_i}$ が両方局在しているような，$L^2(\mathbb{R})$ の正規直交基底 $\{\psi_i\}$ は存在するか，という問題にある程度答えるのが，ウェーブレット基底である．このウェーブレット基底は，1985 年にフランスの数学者 Meyer により発見されたもので，以下のように定義される．まず関数 $\theta(\xi)$ は，$\mathbb{R}$ 上の無限回微分可能な偶関数で，以下の条件を満たすとする．

$$0 \leq \theta(\xi) \leq 1 \quad (\xi \in \mathbb{R}),$$
$$\mathrm{supp}\, \theta \subset [-4\pi/3, 4\pi/3],$$
$$\theta(\xi) = 1 \quad (\xi \in [-2\pi/3, 2\pi/3]),$$
$$\theta(\xi)^2 + \theta(2\pi - \xi)^2 = 1 \quad (\xi \in [0, 2\pi]).$$

このとき

$$\widehat{\psi}(\xi) = \{\theta(\xi/2)^2 - \theta(\xi)^2\}^{1/2} e^{-i\xi/2}$$

となるように，$\psi(x)$ を定める．すなわち

$$\psi(x) = \frac{1}{2\pi} \int_{\mathbb{R}} \{\theta(\xi/2)^2 - \theta(\xi)^2\}^{1/2} e^{-i\xi/2} e^{ix\xi} d\xi$$

とする．また整数 j,k に対し

$$\psi_{j,k}(x) = 2^{j/2} \psi(2^j x - k)$$

とおく．このとき関数系

$$\{\psi_{j,k} : j, k \in \mathbb{Z}\}$$

が，$L^2(\mathbb{R})$ の正規直交基底になることが分かる．これが Meyer のウェーブレット基底である．各 $\psi_{j,k}$ はシュワルツの急減少関数になっている．

$\psi_{j,k}(x)$ は次の意味で，$x = 2^{-j}k$ の周りに局在している．すなわち任意の $N > 0$ に対し，ある $C_N > 0$ が存在して，

$$|\psi_{j,k}(x)| \leq \frac{2^{j/2} C_N}{(1 + |2^j(x - 2^{-j}k)|)^N} \qquad (x \in \mathbb{R})$$

となる．また

$$\widehat{\psi_{j,k}}(\xi) = 2^{-j/2} e^{-i 2^{-j} k \xi} \widehat{\psi}(2^{-j}\xi)$$

であるから，

$$\operatorname{supp} \widehat{\psi_{j,k}} \subset \{\xi \in \mathbb{R} : 2^{j+1} 3^{-1} \pi \leq |\xi| \leq 2^{j+3} 3^{-1} \pi\}$$

となる．従って $\widehat{\psi_{j,k}}(\xi)$ は，ξ 空間における 2 つの区間に局在していることになり，$j \to \infty$ のとき，この 2 つの区間は原点からどんどん離れていくことになる．この意味で $\widehat{\psi_{j,k}}(\xi)$ は，ある 1 つの点の周りに局在しているわけではない．しかしながら，この ξ 空間では 2 つの部分に局在しているということが，うまく正規直交基底を構成することに成功している理由の 1 つである．

このウェーブレット基底により，関数の局所的な情報をうまく取り出すことができる．また様々な関数空間においてウェーブレット基底は無条件基底になっており，その関数空間を特徴付けることができる．あるいはウェーブレット基底は，調和解析における Calderón-Zygmund 作用素と相性が良く，調和解析において様々な応用がある．

次に，ウェーブレット基底とは異なる局在の仕方をするウィルソン基底について述べる．まず

$$I = (\mathbb{Z} \times \mathbb{N}) \cup \{(2k, 0) : k \in \mathbb{Z}\}$$

とおく．このときシュワルツの急減少関数族に属する $\mathbb{R}$ 上の関数 $\varphi(x)$ で，実数値かつ偶関数であり，さらに以下の条件を満たすものの存在を示すことができる．

（ⅰ）定数 $\alpha, C > 0$ が存在して

$$|\varphi(x)| \leq C e^{-\alpha |x|} \qquad (x \in \mathbb{R})$$

となる．

（ⅱ）任意の $y \in \mathbb{R}$ に対して $\widehat{\varphi}(y) = 2\sqrt{\pi}\varphi(4\pi y)$ となる．

（ⅲ）$l \in \mathbb{Z}, \ m \in \mathbb{N} \cup \{0\}$ に対して

$$\widehat{\Psi}_{l,m}(\xi) = c_m \{\varphi(\xi - 2\pi m) + (-1)^{l+m} \varphi(\xi + 2\pi m)\} e^{-il\xi/2}$$

とおくと，$\{\Psi_{l,m} : (l,m) \in I\}$ が $L^2(\mathbb{R})$ の正規直交基底となる．ただし，$c_m = 1/\sqrt{2} \ (m \geq 1), \ c_0 = 1/2$ である．

この $\{\Psi_{l,m} : (l,m) \in I\}$ をウィルソン基底と呼ぶ．このとき $\Psi_{l,m}(x)$ は $x = l/2$ の周りに局在しており，また $\widehat{\Psi_{l,m}}(\xi)$ は，$m \geq 1$ のとき，2 つの点 $\xi = \pm 2\pi m$ の周りに局在していることになる．

関数の局在の仕方を表現するのに，相空間

$$\{(x, \xi) : x, \xi \in \mathbb{R}\}$$

における集合を用いることがある．上で考えたようなウェーブレット基底やウィルソン基底などの局在の仕方を表すには，相空間上の面積 2π の集合で考えると都合が良い．例えばウェーブレット基底を成す $\psi_{j,k}$ については，集合

$$R_{j,k} = \left\{ (x, \xi) : \frac{k}{2^j} - \frac{1}{2^{j+1}} \leq x \leq \frac{k}{2^j} + \frac{1}{2^{j+1}}, \ 2^j \pi \leq |\xi| \leq 2^{j+1}\pi \right\}$$

により表現する．これら $R_{j,k}$ はその内部が互いに素で，これらの和集合が (x 軸を除いて) 相空間を敷き詰めていることになる．この $R_{j,k}$ が数学的に何を意味するかということは，きちんと定義できないものがあるが，$\psi_{j,k}$ の相空間での局在の仕方を大体表しているものと考えていただきたい．

ウィルソン基底を成す $\Psi_{l,m}$ については，$m \geq 1$ のときは

$$R'_{l,m} = \left\{ (x,\xi) : \frac{l}{2} - \frac{1}{4} \leq x \leq \frac{l}{2} + \frac{1}{4},\ 2\pi m - \pi \leq |\xi| \leq 2\pi m + \pi \right\}$$

であり，また $m = 0$ のときは，

$$R'_{l,0} = \left\{ (x,\xi) : \frac{l}{2} - \frac{1}{2} \leq x \leq \frac{l}{2} + \frac{1}{2},\ -\pi \leq |\xi| \leq \pi \right\}$$

となる．これらの和集合が相空間 $\mathbb{R}^2$ を敷き詰めることになる．

ウェーブレット基底やウィルソン基底については，Daubechies の本 [2] を参照していただきたい．

3 シュレディンガー作用素の負の固有値の個数の評価

この節では，$\mathbb{R}^n$ におけるシュレディンガー作用素 $-\Delta - V$ を考える．ただし $\Delta = \sum_{i=1}^{n} \frac{\partial^2}{\partial x_i^2}$, $V(x) \geq 0$ である．この作用素の固有関数と固有値，すなわち

$$-\Delta \psi(x) - V(x)\psi(x) = \lambda \psi(x)$$

を満たす ψ と λ を調べることが重要である．V にどのような条件があれば，このシュレディンガー作用素が $L^2(\mathbb{R}^n)$ における自己共役作用素として定義されるか，またその固有値もしくはスペクトルがどうなるかという議論はあるのだが，ここではそれらの条件については述べない．この節では，このシュレディンガー作用素の負の固有値と，これまで述べた相空間で局在している正規直交基底との関係について述べたい．ただし定理の前までの説明は数学的に厳密なものではなく，あくまでもこのような思想に基づいて予想されるであろう性質が，数学的にきちんと証明できるという話である．

まず $L^2(\mathbb{R}^n)$ における正規直交基底 $\{\psi_i : i \in \mathbb{N}\}$ を考える．ただし各 ψ_i は相空間 $\mathbb{R}^{2n}$ において局在しているものとし，ψ_i の局在状況を表す相空間における測度 $(2\pi)^n$ の集合を R_i とする．すなわち R_i はその内部が互いに素で，その和集合が相空間 $\mathbb{R}^{2n}$ を敷き詰めているというイメージである．このような正規直交基底は，n 次元のウェーブレット基底やウィルソン基底として構成することができる．

適当な条件のもとで成り立つフーリエ変換の逆変換公式

$$\widehat{f}(\xi) = \int_{\mathbb{R}^n} f(x) e^{-i\xi \cdot x}\, dx, \qquad f(x) = \frac{1}{(2\pi)^n} \int_{\mathbb{R}^n} \widehat{f}(\xi) e^{ix\cdot \xi}\, d\xi$$

を考慮すると,

$$-\Delta \psi_i(x) - V(x)\psi_i(x) = \frac{1}{(2\pi)^n} \int_{\mathbb{R}^n} e^{ix\cdot\xi}\{|\xi|^2 - V(x)\}\widehat{\psi_i}(\xi)\, d\xi$$

となる. ここで $\psi_i(x)$ の相空間における局在の仕方を表す集合が R_i であるから, 上式の値には, R_i 上における $|\xi|^2 - V(x)$ の値が大きく影響を与えるのではないかという考えが浮かぶ. 従って例えば

$$\lambda_i = \max_{(x,\xi)\in R_i} \{|\xi|^2 - V(x)\}$$

とおくと,

$$-\Delta\psi_i(x) - V(x)\psi_i(x) \approx \lambda_i \psi_i(x)$$

となるのではないか, と考えられる. ただし $\approx$ の意味は, 大体等しいということなのだが, あまり深く考えないでいただきたい. このとき $\{\psi_i : i \in \mathbb{N}\}$ が $L^2(\mathbb{R}^n)$ の正規直交基底であることを考えれば, まるで ψ_i が作用素 $-\Delta - V$ の固有関数もどきで, λ_i が対応する固有値もどきな量になるのではないか, と考えられる. 従って作用素 $-\Delta - V$ の負の固有値の個数は, $\lambda_i < 0$ となる i の個数で評価されるのではないかと予想される. $\lambda_i < 0$ となることは, R_i 上で $|\xi|^2 - V(x) < 0$ となることを意味する. つまり集合

$$\{(x,\xi) \in \mathbb{R}^n \times \mathbb{R}^n : |\xi|^2 - V(x) < 0\}$$

に含まれる R_i の個数で, 作用素 $-\Delta - V$ の負の固有値の個数が評価されるのではないか, と考えられる. ここで上の集合の測度は,

$$|\{(x,\xi) \in \mathbb{R}^n \times \mathbb{R}^n : |\xi|^2 - V(x) < 0\}| = c_n \int_{\mathbb{R}^n} V(x)^{n/2}\, dx$$

である. ただし c_n は n 次元単位球の測度である. R_i の測度が $(2\pi)^n$ であるから, 量

$$\frac{c_n}{(2\pi)^n} \int_{\mathbb{R}^n} V(x)^{n/2}\, dx$$

により, 作用素 $-\Delta - V$ の負の固有値の個数が評価されるのではないかと予想される. 実際次の定理が成り立つ.

定理 3 $n \geq 3$, $V \in L^{n/2}(\mathbb{R}^n)$, $V(x) \geq 0$ とする．このときシュレディンガー作用素 $-\Delta - V$ の負の固有値の個数は有限であり，それを N とすると, n にのみ依る定数 $c > 0$ が存在して，

$$N \leq c \int_{\mathbb{R}^n} V(x)^{n/2}\, dx$$

となる．

これは Cwikel–Lieb–Rozenbljum の不等式と呼ばれるものである ([1], [4], [5])．この不等式はシュレディンガー作用素の負の固有値の個数に関するものであるが，負の固有値の絶対値の冪乗の和を評価する Lieb–Thirring の不等式というものもある．この Lieb–Thirring の不等式から，$L^2(\mathbb{R}^n)$ における正規直交系をなす有限個の関数系についての，Sobolev–Lieb–Thirring の不等式というものを示すことができ，これを用いてある種の非線形偏微分方程式におけるアトラクターの次元の評価などが可能となる．

ところで定理 3 の Cwikel, Lieb, Rozenbljum らの証明には，ここで説明したような正規直交基底の議論は現れないことを注意しておく．不確定性原理に基づくアイデアをシュレディンガー作用素の固有値の問題に応用するという考え方は，Fefferman の論文 [3] で用いられているものである．Fefferman は，不確定性原理というある意味単純なアイデアを用いて，調和解析的な考え方に基づく偏微分作用素や擬微分作用素の深い研究を行っている．ただし実は Fefferman の論文にも，正規直交基底の議論は現れない．というのは，Meyer がウェーブレットを発見したのは 1985 年であり，Fefferman の論文の後であるからである．

筆者は大学院生の時にこの Fefferman の論文を勉強したのであるが，非常に難解で苦労した覚えがある．しばらくの間，この論文において不確定性原理をどのように用いているかが分からなかったのであるが，ここで述べたように相空間で局在している正規直交基底を用いて説明すると，Fefferman の考えがより明らかになる．そしてその後，実際に相空間で局在している正規直交基底に関するウェーブレット理論を学んだ．これらの Fefferman の仕事やウェーブレット理論の根底にある不確定性原理とそれらの理論の美しさに魅了され，現在でも筆者は不確定性原理の応用という視点から，様々な研究を行っているのである．

参考文献

[1]　M. Cwikel *"Weak type estimates for singular values and the number of bound states of Schrödinger operators"*, Ann. Math. **106** (1977), pp.93–100.

[2]　I. Daubechies *"Ten lectures on wavelets"* CBMS-NSF Regional Conference Series in Applied Mathematics 61, Society for Industrial and Applied Mathematics (SIAM), 1992.

[3]　C. Fefferman *"The uncertainty principle"*, Bull. Amer. Math. Soc. **9** (1983), pp.129–206.

[4]　E. Lieb *"Bounds on the number of eigenvalues of the Laplace and Schrödinger operators"*, Bull. Amer. Math. Soc. **82** (1976), pp.751–753.

[5]　G. V. Rozenbljum *"Distribution of the discrete spectrum of singular differential operators"*, Soviet Math. Dokl. **202** (1972), pp.1012–1015.

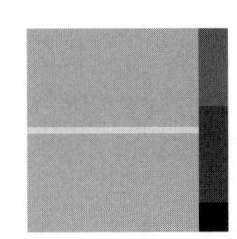

力学系の源泉

ニュートンの運動法則

田邊 晋

1 もっとも普遍的な力学法則

ニュートンは 1686 年『自然哲学の数学的諸原理』*Philosophiae Naturalis Principia Mathematica*（以下『数学的諸原理』と略称する）を刊行し，その中で力学の基礎となる幾つかの運動法則を確立した．紀元前 6 世紀より，ヘラクレイトスやアリストテレスなどのギリシャの自然哲学者が運動を支配する普遍的法則について模索し始めてから実に 2000 年以上の年月を人類はこれらの法則確立に費やしたのである．この小文ではニュートンの運動法則のうち特に第 2 法則に焦点をあててその美しさの一端を紹介したいと思う．

ニュートンは『数学的諸原理』冒頭において，序文の後，まずは基本的概念の定義を述べる．その後ただちに「公理または運動の法則」という章で今日彼の名を冠する運動法則として知られているものを迷うことなく見事に定式化している．『数学的諸原理』はその冒頭部分からすでにその著者の革命的で強力な思考力と洞察力を雄弁に語っているのである．

Lex I: Corpus omne perseverare in statu suo quiescendi vel movendi uniformiter in directum, nisi quatenus a viribus impressis cogitur statum illum mutare.

つまり

第 1 法則：あらゆる物体は，外力の働きによってその状態を変化させられない限り，静止し続けるか直線運動を続ける．

第1法則は単に第2法則の特殊例であるということには過ぎない．これを一番目にもってくることの重要な意味は，もろもろの運動を記述する際の基準となるような座標系 (慣性系という) を導入することにあったといえよう．つまり慣性系を基準としたときに，外力のかかっていない物体は直線運動をするかないしは静止しているということになる．慣性系の考察は相対性理論の誕生に当たって決定的な役割を果たすこととなる．

　Lex II : Mutationem motus proportionalem esse in motrici impressae, et fieri secundum lineam rectam qua vis illa imprimatur.
　つまり
　第2法則：運動量 (motus) の変化は起動力と比例し，その起動力の働く直線方向にしたがって起こる．

　物体の質量と位置，速度をそれぞれ $m, \vec{x}, \vec{v}$，またそれに働く「起動力」を $\vec{F}$ と表示することにすれば，上記の第2法則は次のように1行の簡潔な式で書き表される．

$$(\,0\,) \qquad \vec{F} = \frac{d(m\vec{v})}{dt} = \frac{d}{dt}\frac{d(m\vec{x})}{dt}$$

この簡潔さがまず第1に目に入る美しさである．因みにこういうふうに $m\vec{v}$ をひとまとめとする記法を用いておくと，$E = mc^2$ の法則で質量がエネルギーに変換される相対論的効果を考慮に入れなければいけない場合でも法則はそのまま成立する．

　Lex III : Actioni contrariam semper et aequalem esse reactionem: sive corporum duorum actiones in se mutuo semper esse aequales et in partes contrarias dirigi.
　つまり
　第3法則：作用 (actio) に対しては常に反対方向の反作用がある：二つの物体がお互いに施す作用は常に等しい大きさで反対方向に向けられる．

　本題は「この定理が美しい」という標語のもとに書かれている．ここでこれら

の法則がなぜ特別の美しさを帯びているか，私見を述べようと思う．といってもこれらの法則を美しいと感じる人ならば誰しも，これら3法則が「簡潔性」と「普遍性」の美を備えていることに同意されることであろう．第1法則では vis impressa (外力)，第2法則では motrix impressa (起動力)，また第3法則では actio (作用) というように異なる用語が用いられているが，本質的にこれらは全て今日力学で用いられる「力」の概念に対応している．これらの力は見かけ上性質がかなり異なるさまざまな運動のうちに現れるが，これらの力を統御するのは実に簡潔な法則である．ニュートン自身第1法則への補足説明として幾つかの例を挙げて，その普遍的性格を明示している．

「投射体は空気の抵抗に妨げられず，重力によって下方に引きずられることがない限り，その運動を続ける．コマは空気抵抗に妨げられない限り，その回転をやめない．惑星や彗星といった巨大な物体はそれらの前進運動や円運動を長時間継続させることができる．これら天体は抵抗が微小な空間の中を運動しているからである．」

第3法則に関しての補足説明には

「指で石を押すと，石は指を押し返す．馬が綱につながれた石を牽引する際，馬も石へと引き戻される．ある物体が他の物体と衝突し，その力によって他方の物体の運動に変化を生じさせるとき，その物体も他方の物体の力 (互いに及ぼす圧力は等しい) により逆向きの同じ運動の変化を蒙るであろう．」

とある．要するにこと「力」に関する限り，もろもろの物体の運動はその外見上の差異にかかわらず (惑星であろうが，コマであろうが，リンゴであろうが月であろうが) 同じ運動法則に従うものとして，つまり普遍的な原理に従うものとして明瞭に認識されているということである．個々の物理現象の解析にあたっては (0) の左辺に現れる力をいろいろ変えることによってさまざまな運動を記述することができるわけである．

2　3 法則へのみちのり

さてこれらの定式化にたどり着くまでにはニュートン自身多少の模索の期間を要した．その日記帳 (Waste Book と名づけられている手稿集) のなかにもっとも初期の動力学の研究の跡を見出すことができるという．1664 年初頭に当たる部分で 2 物体の非弾性衝突の定量的な扱いが試みられている．弾性衝突は既にデカルトの『哲学の原理』第 2 部において考察されており，ホイヘンスやウォリスによって 1661 年頃までにはその理論がほぼ完成されていた．この研究を通じて「一物体の他物体への圧力，または押し付けること」といった初期の力の概念 (1665 年 1 月) から「力は生ぜられる運動量の変化率に比例する」という定式化に到達する．

こうしたいきさつで発見された第 2 法則に関する簡単な例を『数学的諸原理』から挙げてみよう．「第 1 篇命題 4」では円運動に関して次の形の定理を述べている．

> 「一様な運動によって円を描く物体の向心力は円の中心に向かう．また同一時間内に描かれる弧の長さの 2 乗を円の半径で割ったものに比例すること．」

現代的な記法を用いれば，角速度 ω で半径 r の円周上を運動する質量 m の物体の動きが $(x(t), y(t)) = (r\cos\omega t, r\sin\omega t)$ によって与えられるとき，その向心力は
$$\vec{F} = (mx''(t), my''(t)) = (-mr\omega^2 \cos\omega t, -mr\omega^2 \sin\omega t)$$
となる，ということに対応する．

この定式化を見てわかるようにニュートン自身およびその先達たちにとってはじめに与件として与えられていたのは物体の運動そのものであり，それに作用している力がどういう性質のものであるかは物体の運動から推測すべきものであったわけである．ニュートンは『数学的諸原理』第 1 篇命題 11 (楕円軌道)，命題 12 (双曲線軌道)，命題 13 (放物線軌道) において物体 M が円錐曲線 (要するに 2 次曲線) 上を運動する 3 つの場合に関して統一的な答えを次のように与えている．これらの運動は各曲線の焦点 P に向かう MP^2 に反比例する向心力 (引力) が物体上に作用した結果起きているはずであると．

円錐曲線上を運動する物体としてニュートンは地球の周りを楕円運動する惑星ないし彗星を例として扱った．彼はこうした天体の運動を記述する際に，他の惑星などの影響による誤差項が無視できるほど小さいことを認識していたのである．楕円運動する彗星としてはいわゆる 1680 年の大彗星の例が『数学的諸原理』の最後部第 3 篇に詳細に述べられている．ハリー (Edmund Halley) はこの大彗星が 575 年の周期で歴史上 4 回 (最初の観察は紀元前 44 年 9 月，4 回目は 1680 年の末) 現れていることに注目し，彗星が 575 年の周期で周期運動するような楕円軌道を求めた．ハリーの計算によると地球と太陽の距離の 138.2957 倍の長さを長軸にもつ楕円を理論上の軌道として採用した場合，その観測結果 (1680 年 11 月 3 日から翌年 3 月 9 日に至る間少なくとも 25 回にわたりロンドン，アヴィニョン，ローマ，ニュルンベルグのみならず新大陸のボストン，メリーランドなどありとあらゆる地点で実行されたもの) との誤差は経度にして 0 度 2 分 31 秒以下，緯度にして 0 度 2 分 29 秒以下という画期的な精度が得られた．無論これ以前に木星や金星といった観測しやすい惑星に関しては，それらが楕円軌道を描くことはケプラーの 3 法則として確立されていた．ここでケプラーの法則を念のために思い出しておこう．

第 1 法則　惑星は，太陽をひとつの焦点とする楕円軌道上を動く．
第 2 法則　惑星と太陽とを結ぶ線分が単位時間に描く面積は，一定である．
第 3 法則　惑星の公転周期の 2 乗は，軌道の半長径の 3 乗に比例する．

ニュートン自身の惑星の楕円運動則の証明は巧妙な初等幾何学とアポロニウス流の円錐曲線論によるものであって，現代のわれわれにとっては見通しにくいものである．天文学者ボーリン (K. Bohlin) による複素関数を用いた簡潔な証明が [2] に載っているので関心ある方は参照していただきたい．

3　楕円軌道から力学系へ

運動方程式 (0) の研究をきっかけとして，力学系という新しい研究分野が数学に誕生することとなる．この事情に関して簡単に述べてみよう．
今 (0) において外力 $\vec{F}$ が位置 $\vec{x}$ のみに依存するベクトル関数として $\vec{F} =$

$\vec{F}(\vec{x})$ の形に書けているとし，$\vec{y} = \vec{x}'$ ($\vec{x}$ の導関数) という新たな未知ベクトル関数を導入すると (0) は

$$\begin{pmatrix} \vec{x}' \\ \vec{y}' \end{pmatrix} = \begin{pmatrix} \vec{y} \\ \vec{F}(\vec{x}) \end{pmatrix}$$

と書きなおすことができる．上の方程式系をさらに一般化して，適当なベクトル関数 $\vec{F}, \vec{G}$ に対し

(1) $$\begin{pmatrix} \vec{x}' \\ \vec{y}' \end{pmatrix} = \begin{pmatrix} \vec{G}(\vec{x}, \vec{y}) \\ \vec{F}(\vec{x}, \vec{y}) \end{pmatrix}$$

と表示される常微分方程式 (未知ベクトル関数の時間変数 t に関する 1 階導関数のみを含む微分方程式) 系を力学系という．力学系の研究はニュートンの法則が現われたのち，18 世紀を通じてオイラーやラグランジュによって推し進められる．啓蒙の世紀の彼らが取り扱ったのは本質的に多変数に依存する $\vec{F}, \vec{G}$ であり，主として 3 次元空間内の剛体の運動に起因するものであった．この場合 $(\vec{x}, \vec{y})$ 合わせて 6 つの未知関数に関する (1) 型の常微分方程式を取り扱わねばならない．ここで方程式の解 $(\vec{x}(t), \vec{y}(t))$ を変数 t の関数として具体的かつ明示的に表現せよ，という問題が生じる．特に対称性の良いコマの回転運動 (Euler-Poinsot top, Lagrange-Poisson top と今日呼ばれるもの) の記述の際にその周期性が楕円関数の周期として理解されるべきであるという認識にヤコビは到達する (1849 年のフランス科学アカデミーへの書簡)．1880 年代にコワレフスカヤは前者ほどは対称性の良くないコマの周期性を超楕円関数 (種数 2 の超楕円曲線から定義される) を用いて説明するのに成功した．これらの研究は力学系の解表示に超越的代数幾何 (テータ関数，アーベル関数の理論) が有効であることを見事に例示して見せた画期的なものである．

　19 世紀前半のハミルトンやヤコビによる美しい理論的整備 (ハミルトニアン，ハミルトン・ヤコビ方程式の導入) の結果，解析力学の基本的定式化が確立される．現代のシンプレクティック幾何学はすべてここに端を発している．こういった研究を受けて，19 世紀の半ば頃のリューヴィルやクレプシュ (A. Clebsch) といった数学者はハミルトン力学系の解が $(\vec{x}, \vec{y})$ 変数の空間のうちその半分の次元をもつ性質の良い (完全交叉型) 代数多様体上に乗っている場合を「積分可能」

と定義し，流体中の物体の運動のこの意味での積分可能性 (今日リューヴィルの意味の積分可能性と呼ばれる) を示したりした．解がこういった (完全交叉型) 代数多様体上に乗っていなければ，それはカオス的挙動を持つ可能性がある．この手の力学系の研究は 20 世紀の後半に本格的に始まったばかりである．

惑星は楕円軌道上周期運動するが，一般の (1) の形の微分方程式がいつ周期解を持つか，という問題にポアンカレやリャプノフといった 19 世紀の末の数学者たちは挑んだ．その結果平面上の力学系 ((x,y) 変数の 2 次元空間上で定義される) の孤立した周期軌道に関する「ポアンカレ・ベンディクソンの極限軌道定理」が定式化されるに至った．ちなみにニュートンの扱った惑星の楕円軌道は初期条件というパラメータに関して連続的に依存するものであって，孤立周期軌道ではない．平面上の力学系がいくつ極限軌道を持つかという問題に関する統一的理論は今日もまだない．

ニュートンは惑星の運動について，太陽-惑星の 2 物体間の引力のみを考慮してその楕円軌道性を証明したが，現実問題として惑星は少なくとも 8 個あり，各々の惑星には多数の衛星が随伴している．これらすべての物体の間の引力を考慮した際の運動を記述するためにはいわゆる多体問題を解かねばならない．いわゆる KAM (コルモゴロフ・アルノルド・モーザー) 理論はこうした多体力学系の安定性に関する判断基準を与えるものだが，まだまだ発展段階の途中にある ([3] 参照)．

筆者の私見によれば，こういった力学系の研究に本質的な進歩をもたらすためには，多変数保型関数を楕円関数やヤコビのテータ関数のように使いこなせるようになることが，一つの必要条件である．

このようにニュートン以降の歴史的発展を一瞥するだけでも，運動法則の方程式 (0) から直接派生した数学的問題意識の幅は膨大にして深遠であることがわかる．そしてこの幅の広さはほかならぬ (0) 式の美をたたえた簡潔性と普遍性に由来しているのである．

参考文献

[1] I. ニュートン『世界の名著 31』(河辺六男責任編集)，中央公論新社，1979.

[2] V. I. アーノルド『数理解析のパイオニアたち』(蟹江幸博訳)，シュプリンガー・フェアラーク東京，1999.

[3] F. ディアク・P. ホームズ『天体力学のパイオニアたち——カオスと安定性をめぐる人物史』(吉田春夫訳), シュプリンガー・フェアラーク東京, 2004.

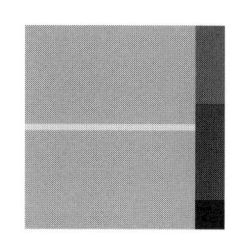

数学の世界の紙工作

貼り合わせの補題

土基善文

「貼り合わせの補題」は数学で二つのモノを貼り合わせるときに使われる補題です．何かひとつの定理のための補題というよりは数学全体の議論のための補題と言って良いでしょう．例えばシンガー-ソープの教科書 [1] に書いてあります．これについて，講義や演習では習っていても，ご自分の教科書にのっていないから通過してしまうという人もいるでしょうし，全然習わないという人もいるかも知れません．そこでまずはこの補題のステートメント (主張) を述べることから始めましょう．

1 ステートメント

「貼り合わせの補題」は次のような内容です．

定理 (貼り合わせの補題) X と Y を位相空間とする．X がその部分集合 A, B の和集合で，なおかつ A, B がともに X の閉集合 (もしくは，ともに X の開集合) だったとする．連続写像 $f: A \to Y$ および $g: B \to Y$ が

$$f|_{A \cap B} = g|_{A \cap B}$$

を満たすならば，X 上の Y 値連続写像 h で

$$h(x) = \begin{cases} f(x) & (x \in A \text{ のとき}) \\ g(x) & (x \in B \text{ のとき}) \end{cases}$$

をみたすものが唯一つ存在する．

2 理解

2.1 「ナニイウテルカワカラン」から「あたりまえ」へ

ステートメントを一通り述べました．パッと見てわからなくても，全然気にすることはありません．どんな数学者でも初見で定理が理解できるわけではなく，これから述べるいろいろなことをしているうちに段々とわかっていくのです．

まずは，定理の内容に沿うような，簡単なグラフや，図を描いてみます．

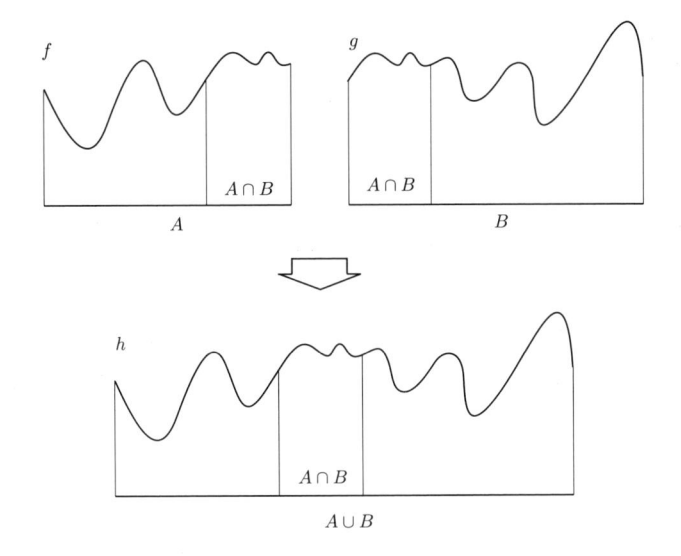

図 1 初めに描いてみる図

綺麗な図を一つ描くよりも，汚くても良いからたくさん描くほうが有益です．理解が進むにつれて，自分の図のある部分がおかしかったり，適当でないことに気づく．あるいはもっと別の描きかたがありうることを見つける．そのたびに新しい図を描けば良いのです．

図 1 を見てみると，というより，自分で描いてみると，なるほど，f と g のグラフが共通部分で一致すれば，それぞれのグラフの $A \cap B$ の部分に "のり" をつけ，"貼り合わせる" ことにより全体でのグラフができるなあ，と納得されるはずです．

2.2 定理の仮定を満たさない場合について考えてみる

失敗は成功のもと．いつもいい条件ばかりを見ている人には，悪い条件がどんなモノか分からない．というわけで，定理なり補題なりを理解するためには，「定理の仮定を満たさないような場合は何が起こるか」を知っておくことも有用です．

共通部分で二つの関数が等しくなければ

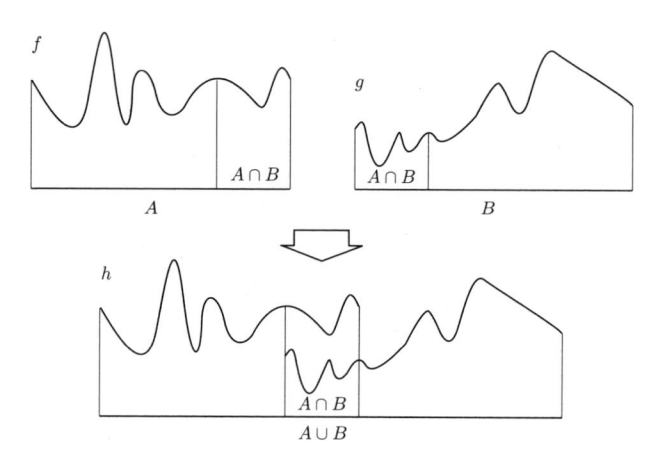

図 2 共通部分で一致しない関数はうまく貼り合わない

f と g の値が共通部分で等しくなければ，上の図のように $A \cap B$ 上で h の値を一つに定めることができません．一つの点に対して h の値は唯一つ，という現代の関数の鉄のオキテ (定義) に反していて，関数のグラフというわけにはいかないですね．絵でいえば，「のりしろ」の形が違うので貼りつけにくいことがわかるでしょう．(「貼り合わせる」の定義を変えればまったく貼り合わせられないというわけでもないでしょうが，少なくとも貼り合わせの補題のように自然には貼り合いません．)

「A が開集合で B が閉集合」なら

A と B が両方開集合であるか，両方閉集合なら，定理の条件に合うわけですが，そうでないとき，たとえば「A が開集合で B が閉集合」ならどうでしょうか．

こういうところも，本当は少し立ち止まって自分で考えてみたほうがいいので

す．数学の本は「読者への挑戦」の連続です．定理のステートメントは「お前は証明できるか？」と問いかけていますし，証明を読み終わっても，まだ「どうしてこのような仮定 (条件) をつけたのか？」(その条件を外すとどうなるのか？) 等の問題が残っています．残念ながらここではそのページ数はありませんので，結論から言いますと，仮定をそのように変えた場合には貼り合わせの補題はまったく成り立ちません．たとえば $X = \mathbb{R}$ で，$A = (-\infty, 0)$, $B = [0, \infty)$ の場合を考えます．この場合は $A \cap B = \emptyset$ ですから，「のりしろ」はまったくありません．「$A \cap B$ で一致する」という条件がどんな f, g についても必ず成り立つようになって，できあがった h は一般には連続ではないわけです．たとえば f が恒等的に 0, g が恒等的に 1 でも定理の条件を満たします．この場合できあがった h はヘヴィサイドの関数と呼ばれるものですが，もちろん連続ではありません．

3 定理を味わう

定理の諸条件を吟味し，その役割を理解した後は，定理をいろいろな形で眺めて，証明を考える，いわば定理を味わう番です．

3.1 テープづけとのりづけ

A, B がともに閉集合の場合と A, B がともに開集合の場合の貼り合わせは，質が異なります．

A, B が閉集合の場合には，$A = [0, 1]$, $B = [1, 2]$ のように，$A \cap B$ がちょっとしかない場合，言わば「端っこだけがくっついている場合」がありえます．さすがに先ほどの $A \cap B = \emptyset$ みたいなことは起こらないとはいえ，のりで貼りつけるのには頼りない感じです．この場合は「セロハンテープで貼ったような」つなぎかたです．グラフは次のページのようになるでしょう．f, g が滑らかな関数でも，繋ぎ目の 1 のところで関数は尖っていることに特に注目してください．

他方で A, B が開集合の場合は $A \cap B$ も開集合で，「ふくらんで」いる．ちゃんと「のりをつける部分」があることが保証されていて，こちらは「のりづけ」と呼ぶにふさわしい感じでしょう．

紙工作をやってみると分かることですが，テープづけよりものりづけのほうが，工程は面倒ですが，仕上がりはきれいです．(テープを使う場合でもちゃんとのりしろがあったほうが綺麗です．) これについては，また後で議論しましょう．

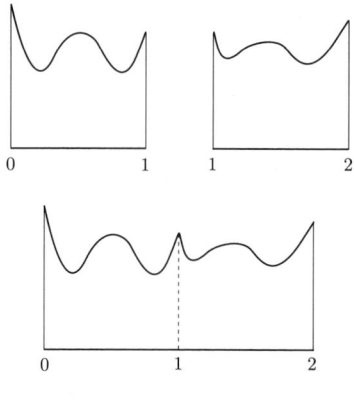

図 3　閉集合での貼り合わせ

3.2 位相空間論の威力

「のりづけする」という行為は幼稚園のときからよくしていることと思います．定理はこれをうまく数学で具体化したものです．

ではどのように証明すればいいのでしょうか．

分かってはきたけれども，「どう説明していいのかワカラン」という意見もあるかもしれません．

面白いことに，この定理は距離空間などの「わかりやすい」空間で ε-δ 論法を用いて証明するより，位相空間の一般論でエイヤっとやってしまった方が簡単に片が付きます．本当にアッという間に終ります．この簡明さが位相空間論の醍醐味で，位相空間論という抽象的な枠組が，たいへんよくできていることが悟られます．その意味で，証明そのものよりも，位相空間論というお膳立てをよく理解していることが大事だと思います．

3.3 定理を実際に使うこと

美しいものとはその出会いかたも大事です．何でもないような絵でも，ぴったりの時に出会うと忘れられない物になる．そんな経験をあなたもお持ちのことでしょう．

シンガー-ソープの本 [1] ではこの定理が実際の「のりづけ」を行う所で紹介されていて，この定理でもって具体的な写像をペタペタ貼り合わせて実際に使って見

せています．貼り合わせの補題自体はもっと前の位相空間論のところで十分紹介できるのに，わざわざそこに配置されているのはおそらく偶然ではないでしょう．

絶対値関数

$$f(x) = \begin{cases} x & x \geq 0 \text{ のとき} \\ -x & x \leq 0 \text{ のとき} \end{cases}$$

のように，区分的に定義される関数の連続性を一手に引き受けて証明してくれるわけですから，貼り合わせの補題がとても役にたつことが分かると思います．

4 発展

4.1 さまざまな種類の関数 (写像) の貼り合わせ

数学では連続関数だけを扱っていれば良い場合もあれば，C^1 級，C^∞ 級，はたまた解析関数など，いろいろなタイプの関数が使われます．

先にちょっと説明したように，「A, B が 閉集合 のとき」の貼り合わせかたはテープづけのように「雑」で，連続関数は貼り合ってもそれより「滑らかな」関数はそううまくはいかず，発展性にも乏しいのです．それにたいして空間 X を幾つかの 開集合 の和集合に分割してそれらの上の関数を「貼り合わせる」理論は「層の理論」として一般化されます．そうしてそこに，「共通部分でちゃんと貼り合っているかどうか」「貼り合っていないとしたら，どの程度歪みが出ているか」をうまく記述するための**コホモロジー**の理論というものが手助けをして，幾何学を扱う上で大変強力な道具になっています．

4.2 空間の貼り合わせ

位相空間 X 上の Y 値連続写像の全体を $C(X;Y)$ と書くことにして，貼り合わせの補題を式で表現すると，

$$C(A \cup B; Y) = \{(f, g) \in C(A; Y) \times C(B; Y); f|_{A \cap B} = g_{A \cap B}\}$$

となります．じつはこの式の Y をいろいろ変えたりしていじくることにより，($A \cup B$ 自体を知らなくても) $A, B, A \cap B$ から $A \cup B$ が復元 (もしくは構成) できます．

つまり，A と B という部品をのりしろ $A \cap B$ で貼り合わせて $A \cup B$ を作ったことになるわけです．同じような考え方で，3 つ以上のものを貼り合わせることも当然考えることができます．紙工作らしくなってきました．

4.3 多様体

上に述べた考え方を用いて，「ユークリッド空間の開球」をたくさん貼り合わせて作ったものが多様体です．

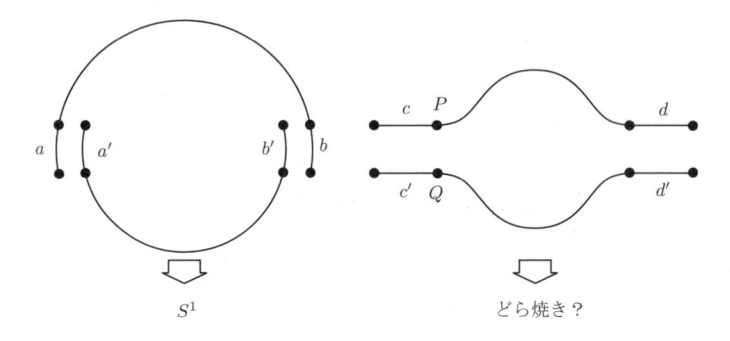

図 4 開区間を貼り合わせる

実数直線 $\mathbb{R}$ の開球 (=開区間) $(0,1)$ の二つのコピーをはじっこ同士貼り合わせる図を二つ描いてみました．a と a', b と b' 等々を貼り合わせます．左のほうは貼り合わせると円周 S^1 が，右のほうは「どら焼き」のようなものができそうです．

「どら焼き」のかたちのほうになにか違和感を感じられるかたもおられるかも知れません．実は多様体を作るための貼り合わせには二つルールがあって，それは

（1） のりしろはすべて開集合にすること
（2） 貼った後の空間は分離的になるようにすること

です．開区間を図 4 の右のほうのように貼ったとして，もし P と Q をくっつけないとすれば，点 P のどんな近傍も，Q の近傍と必ずぶっつかる (したがって，できた「どら焼き」は分離的でない) ことを確認してください．そうかと言って P と Q をくっつけてしまうと今度は開集合でくっつけるべしというルールに反するのです．

このようなルールも，日常的な感覚をうまく数学的に表現した例の一つといえるでしょう．

5 対立する哲学

5.1 分割して統治せよ

いい定理には哲学を感じさせる部分があります．この定理の場合は，いろいろなものを分割して個々に処理しようという考え方です．

大阪の万博記念公園のそばにある国立民族学博物館 (民博) には，世界の各地から集めた食器，着物，住居の模型などの「モノ」が並んでおり，雄弁にそれらの土地の文化を物語ってくれるのですが，その中でもヨーロッパのところ，そこが他と比べて格段に「わけが分かる」気がするのです．つまり，分解できる．組み立てられる．くっつけてある所がよくわかる．努力すれば報われるいかにも秀才型の考え方が感じられます．「貼り合わせの補題」との関連性を強く考えさせられます．

5.2 天衣無縫

「ヨーロッパが一番」と言いたいわけでは断じてありません．民博で他の地域，とくにアフリカのところにいくとその迫力に圧倒されるはずです．これはこれで魅力で，互いに補い合うような関係にあるのでしょう．

位相空間自体の**定義**には貼り合わせは必要ありません．

微分可能多様体 X に対して，X 上の滑らかな関数のなす環 $A = C^\infty(X)$ (**関数環**) を考えることにより多様体 X を扱うことができることが知られています．幾つか例を挙げれば，

（１） A の極大イデアルが X の点と対応
（２） A の微分が X の接ベクトル場と対応

などなどです．

微分幾何学の初級の教科書をみると，このような見方によって「貼り合わせ」を見掛け上消去している部分があることに気づきます．貼り合わせの議論をしなくてすむので，キレイに論が進みます．

貼り合わせをうまく使う見方と，それを避けてキレイな議論で済ます見方，二つの見方は，ここでもまた補いあう関係にあるようです．

参考文献

[1] I. M. シンガー・J. A. ソープ『トポロジーと幾何学入門』(松江広文・一楽重雄訳), 培風館, 1976.

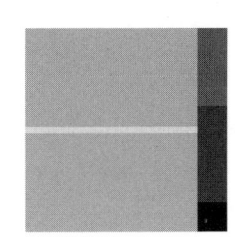

λ計算の美しさ
合流性定理
西崎真也

1 λ計算の構文とβ簡約

λ計算は，関数の操作に関する一般的な理論体系である．関数の操作として定式化されるのは，「関数の抽象」と「引数の適用」の二種類のみであり，大変単純化されたものとなっている．

λ計算で扱われる式は，λ項 (lambda-term) と呼ばれるもので，次の規則により定義される．

- 変数 $x_0, x_1, x_2, \cdots$ は λ 項である．
- x が変数で M が λ 項ならば，$(\lambda x.M)$ は (λ **抽象**と呼ばれる) λ 項である．
- M と N が λ 項ならば，(MN) は (**関数適用**と呼ばれる) λ 項である．

丸括弧は，読みやすいように適宜省略される．$((MN)L)$ を MNL と省略したり，$(\lambda x.(\lambda y.M))$ を $\lambda x.\lambda y.M$ と省略したりする．

$\lambda x.M$ の直感的な意味は，x がパラメータを表わし，x を受けとると M の値を返すような関数である．例えば，Suc が 1 を加算する関数だとすると，$\lambda x.\mathrm{Suc}(\mathrm{Suc}(x))$ は，x を受けとると $\mathrm{Suc}(\mathrm{Suc}(x))$ を返す関数，つまり 2 を加算する関数を意味する．また，$\lambda x.\lambda f.f(f(x))$ は，x を受けとると，関数を返す関数である．返される関数 $\lambda f.f(f(x))$ は，関数 f を受けとると，$f(f(x))$ を返す関数である．このように，関数をパラメータに取るような関数や，関数を返す関数も表すことができる．

また，関数適用については，通常の数学的記法では，関数 f に対する引数 3 の

関数適用は $f(3)$ と書かれるが，λ 計算での記法に従って書くと，$(f3)$ というふうに書くことになる．

関数の値の計算過程の 1 ステップは，λ 計算においては β **簡約** (beta-reduction) として定式化される．β 簡約は，関数に与えられた値 (実引数) を変数 (仮引数) に当てはめるという操作である．具体的には次のような操作となる．

$$(\lambda x.M)N \underset{\beta}{\to} M[x := N]$$

ここで右辺の $M[x := N]$ は，M の中に出現する変数 x を N に書き換えた λ 項を表す．λ 項の一部に書き換えを施す操作も，β 簡約である．書き換えの対象となりうる部分を，β **簡約基** (beta-redex) と呼ぶ．0 回以上の β 簡約 $M_0 \underset{\beta}{\to} M_1 \underset{\beta}{\to} \cdots \underset{\beta}{\to} M_n$ を $M_0 \underset{\beta}{\overset{*}{\to}} M_n$ と書く．

計算をモデル化するための体系には，チューリング機械や帰納的関数などさまざまなものがあるわけだが，λ 計算もその一つである．λ 計算は，関数に関する操作を単純化した体系である．このように単純であるにもかかわらず，実は，チューリング機械や帰納的関数と同等の計算能力を有している．これは，自然数 (非負整数) や論理値，再帰性を実現する不動点演算子などがすべて λ 項で表現できることによる．例えば，0 は $\lambda x.\lambda f.x$ と表現され，1 は $\lambda x.\lambda f.(fx)$，2 は $\lambda x.\lambda f.(f(fx))$ と表現される．自然数 m, n を表現した λ 項を各々 M, N とすると，たし算 $m + n$ は $\lambda x.\lambda y.((M(Nxf))f)$ と表現できるわけである．ちなみに，ここで紹介した自然数の表現法は，チャーチ数と呼ばれる．

2　β 簡約の合流性

λ 項があったとき，β 簡約されてどのようになるのかは一般的に一意的に定まるわけではない．例えば，$(\lambda x.(\lambda y.y))\ ((\lambda z.z)v)\ w$ という λ 項を例にとる．$(\lambda x.\bullet)\ (\bullet)$ という部分に着目すると，

$$(\lambda x.(\lambda y.y))\ ((\lambda z.z)v)\ w \underset{\beta}{\to} (\lambda y.y)w$$

と β 簡約される．一方，$(\lambda z.\bullet)v$ という部分に着目すると，

$$(\lambda x.(\lambda y.y))\ ((\lambda z.z)v)\ w \underset{\beta}{\to} (\lambda x.(\lambda y.y))\ v\ w$$

と β 簡約される.

このように β 簡約は一般には一意的に定まらず分岐してしまう. しかし, 適切な順番で β 簡約を行うと, 同一の λ 項へと β 簡約して合流させることができることが知られている. この性質を, β 簡約の**合流性** (confluence) という.

上記の例においても, 前者を

$$(\lambda y.y)w \underset{\beta}{\to} w$$

と β 簡約し, 後者を

$$(\lambda x.(\lambda y.y))\,v\,w \underset{\beta}{\to} (\lambda y.y)\,w \underset{\beta}{\to} w$$

と β 簡約すると, 同一の λ 項に合流する. β 簡約の合流性は次のように定式化される.

定理 (合流性定理) $M \underset{\beta}{\overset{*}{\to}} M_1$, かつ $M \underset{\beta}{\overset{*}{\to}} M_2$ をみたす M, M_1, M_2 に対して, ある N が存在して, $M_1 \underset{\beta}{\overset{*}{\to}} N$, かつ, $M_2 \underset{\beta}{\overset{*}{\to}} N$ をみたす.

合流性定理を証明するために, 合流性より強い性質として, ダイヤモンド性という性質を考える. これは,

$M \to M_1$ かつ, $M \to M_2$ をみたす M, M_1, M_2 に対して, ある N が存在して, $M_1 \to N$ かつ, $M_2 \to N$ をみたす

という性質である. 合流性が, 0 回以上の簡約 $\overset{*}{\to}$ に対する性質であるのに対して, ダイヤモンド性は, ちょうど 1 回の簡約 $\to$ に対する性質である. ダイヤモンド性が成り立てば, 合流性は成り立つ. 例えば

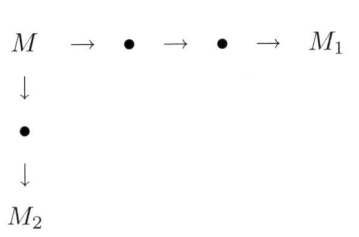

$$\begin{array}{ccccccc}
M & \to & \bullet & \to & \bullet & \to & M_1 \\
\downarrow & & & & & & \\
\bullet & & & & & & \\
\downarrow & & & & & & \\
M_2 & & & & & &
\end{array}$$

というふうに簡約が分岐していたとすると，ダイヤモンド性を何回か適用して

$$
\begin{array}{ccccccc}
M & \to & \bullet & \to & \bullet & \to & M_1 \\
\downarrow & & \downarrow & & \downarrow & & \downarrow \\
\bullet & \to & \circ & \to & \circ & \to & \circ \\
\downarrow & & \downarrow & & \downarrow & & \downarrow \\
M_2 & \to & \circ & \to & \circ & \to & N
\end{array}
$$

というふうに N を作りあげることができる．しかし残念ながら，β 簡約ではダイヤモンド性が成り立たない．そこで，$\underset{\beta}{\to}$ と $\underset{\beta}{\overset{*}{\to}}$ の中間的な関係 $\underset{\beta}{\Rightarrow}$ で，ダイヤモンド性をみたすものを導入する．「中間的」とは

$$\underset{\beta}{\to} \subseteq \underset{\beta}{\Rightarrow} \subseteq \underset{\beta}{\overset{*}{\to}} \tag{1}$$

という意味である．この関係 $\underset{\beta}{\Rightarrow}$ は，**並行簡約** (parallel reduction) と呼ばれ，以下のように帰納的に定義される．

- $x \underset{\beta}{\Rightarrow} x$
- $M \underset{\beta}{\Rightarrow} N$ ならば，$\lambda x.M \underset{\beta}{\Rightarrow} \lambda x.N$
- $M_1 \underset{\beta}{\Rightarrow} N_1$ かつ，$M_2 \underset{\beta}{\Rightarrow} N_2$ ならば，$(M_1 M_2) \underset{\beta}{\Rightarrow} (N_1 N_2)$
- $M_1 \underset{\beta}{\Rightarrow} N_1$ かつ，$M_2 \underset{\beta}{\Rightarrow} N_2$ ならば，$(\lambda x.M_1)M_2 \underset{\beta}{\Rightarrow} N_1[x := N_2]$

$M \underset{\beta}{\overset{*}{\to}} N$ のときは，M を簡約した結果，新たに生まれてくる新たな β 簡約基をさらに簡約して，N となることもありうる．一方，$M \underset{\beta}{\Rightarrow} N$ では，簡約されるのはあくまでも，M に出現している簡約基だけで，簡約の結果できる簡約基は簡約されない．

並行簡約 $\underset{\beta}{\Rightarrow}$ のダイヤモンド性「$M \underset{\beta}{\Rightarrow} M_1$ かつ $M \underset{\beta}{\Rightarrow} M_2$ ならば，$M_1 \underset{\beta}{\Rightarrow} N$ かつ，$M_2 \underset{\beta}{\Rightarrow} N$ をみたす N が存在する」において，λ 項 N は M_1, M_2 に依存して決めてもよいのだが，実際には，λ 項 N は M_1, M_2 に依存しないで，M にだけ依存して決めることができる．すなわち，任意の λ 項 M に対して次の性質が成り立つのである．

すべての M' に対して, $M \underset{\beta}{\Rightarrow} M'$ ならば, $M' \underset{\beta}{\Rightarrow} M^*$ である. (2)

ここで, M^* は, M 中の β 簡約基をすべて簡約した結果を表す. これは次のように λ 項に関して帰納的に定義することができる.

- $x^* = x$
- $(\lambda x.M)^* = \lambda x.\ M^*$
- $(M_1 M_2)^* = M_1^* M_2^*$ (ただし, M_1 は λ 抽象ではない)
- $((\lambda x.M_1)M_2)^* = M_1^*[x := M_2^*]$

性質 (2) の証明を紹介しよう.

証明 M に関する帰納法による.

M が変数 x のときは, $M' = M^* = x$ となり明らか.

M が λ 抽象 $\lambda x.M_1$ のときは, $\underset{\beta}{\Rightarrow}$ の定義により $M' = \lambda x.M_1'$ かつ, $M_1 \underset{\beta}{\Rightarrow} M_1'$ をみたす M_1' が存在する. 帰納法の仮定により, $M_1' \underset{\beta}{\Rightarrow} M_1^*$ が成り立ち, そして, $M' = \lambda x.M_1' \underset{\beta}{\Rightarrow} \lambda x.M_1^* = M^*$ をえる.

M が関数適用 $(M_1 M_2)$ で, M_1 が λ 抽象ではないときは, $M_1 \underset{\beta}{\Rightarrow} M_1'$, $M_2 \underset{\beta}{\Rightarrow} M_2'$, $M' = (M_1' M_2')$ となる. 帰納法の仮定により, $M_1' \underset{\beta}{\Rightarrow} M_1^*$, $M_2' \underset{\beta}{\Rightarrow} M_2^*$ となる. これより, $M' = (M_1' M_2') \underset{\beta}{\Rightarrow} (M_1^* M_2^*) = (M_1 M_2)^* = M^*$ をえる.

M が $(\lambda x.M_1)M_2$ のとき, 並行簡約 $\underset{\beta}{\Rightarrow}$ の定義より, 次の二つに場合分けされる. $M_1 \underset{\beta}{\Rightarrow} M_1'$, $M_2 \underset{\beta}{\Rightarrow} M_2'$ に対し,

(i) $M' = (\lambda x.M_1')M_2'$ のとき, 帰納法の仮定より, $M_1' \underset{\beta}{\Rightarrow} M_1^*$, $M_2' \underset{\beta}{\Rightarrow} M_2^*$ なので, $M' \underset{\beta}{\Rightarrow} M_1^*[x := M_2^*] = M^*$.

(ii) $M' = M_1'[x := M_2']$ のとき, 代入が $\underset{\beta}{\Rightarrow}$ を保存すること[1]から,

---

[1] 上で「代入が $\underset{\beta}{\Rightarrow}$ を保存する」というのは,

$$P_1 \underset{\beta}{\Rightarrow} P_1' \text{ かつ } P_2 \underset{\beta}{\Rightarrow} P_2' \text{ ならば, } P_1[x := P_2] \underset{\beta}{\Rightarrow} P_1'[x := P_2']$$

という性質である. これは, λ 項 P_1 に関する帰納法により証明される.

$$M_1'[x := M_2'] \underset{\beta}{\Rightarrow} M_1^*[x := M_2^*] = M^*$$

をえる. (証明終)

　以上, 性質 (1) と性質 (2) を組み合わせれば, β 簡約の合流性が成り立つ. 例えば

$$\begin{array}{ccccccc} M & \underset{\beta}{\to} & \bullet & \underset{\beta}{\to} & \bullet & \underset{\beta}{\to} & M_1 \\ {\scriptstyle \beta}\downarrow & & & & & & \\ \bullet & & & & & & \\ {\scriptstyle \beta}\downarrow & & & & & & \\ M_2 & & & & & & \end{array}$$

が与えられたとき, 性質 (1) の左の包含関係より,

$$\begin{array}{ccccccc} M & \underset{\beta}{\Rightarrow} & \bullet & \underset{\beta}{\Rightarrow} & \bullet & \underset{\beta}{\Rightarrow} & M_1 \\ {\scriptstyle \beta}\Downarrow & & & & & & \\ \bullet & & & & & & \\ {\scriptstyle \beta}\Downarrow & & & & & & \\ M_2 & & & & & & \end{array}$$

をえる. そして, 性質 (2), すなわち, 並行簡約のダイヤモンド性により,

$$\begin{array}{ccccccc} M & \underset{\beta}{\Rightarrow} & \bullet & \underset{\beta}{\Rightarrow} & \bullet & \underset{\beta}{\Rightarrow} & M_1 \\ {\scriptstyle \beta}\Downarrow & & {\scriptstyle \beta}\Downarrow & & {\scriptstyle \beta}\Downarrow & & {\scriptstyle \beta}\Downarrow \\ \bullet & \underset{\beta}{\Rightarrow} & \circ & \underset{\beta}{\Rightarrow} & \circ & \underset{\beta}{\Rightarrow} & \circ \\ {\scriptstyle \beta}\Downarrow & & {\scriptstyle \beta}\Downarrow & & {\scriptstyle \beta}\Downarrow & & {\scriptstyle \beta}\Downarrow \\ M_2 & \underset{\beta}{\Rightarrow} & \circ & \underset{\beta}{\Rightarrow} & \circ & \underset{\beta}{\Rightarrow} & N \end{array}$$

さらに性質 (1) の右の包含関係により,

$$\begin{array}{ccccccc}
M & \xrightarrow{*}_{\beta} & \bullet & \xrightarrow{*}_{\beta} & \bullet & \xrightarrow{*}_{\beta} & M_1 \\
\beta\downarrow* & & \beta\downarrow* & & \beta\downarrow* & & \beta\downarrow* \\
\bullet & \xrightarrow{*}_{\beta} & \circ & \xrightarrow{*}_{\beta} & \circ & \xrightarrow{*}_{\beta} & \circ \\
\beta\downarrow* & & \beta\downarrow* & & \beta\downarrow* & & \beta\downarrow* \\
M_2 & \xrightarrow{*}_{\beta} & \circ & \xrightarrow{*}_{\beta} & \circ & \xrightarrow{*}_{\beta} & N
\end{array}$$

をえて，β 簡約の合流性が言えるのである．

λ 計算の合流性は，Alonzo Church と Barkley Rosser により，1935 年に証明された．その後，合流性の証明は，William Tait により考案された手法 (1965 年) を用いて，Martin-Löf により改善された (1971 年)．ここで紹介した証明は，高橋正子先生によりさらに改善されたものである．並行簡約 $\underset{\beta}{\Rightarrow}$ のダイヤモンド性を直接証明するのではなく，写像 M^* を導入して，性質 (2) の形で証明するというのが高橋先生の改善点であり，これにより見通しがよくなっただけでなく，場合分けの数も少くなり，Tait-Martin-Löf の証明が一層単純なものとなったのである．

3　λ 計算の拡張による合流性の崩壊

β 簡約の合流性は複雑な性質ではなく，成り立ってあたりまえの性質のように見える．しかし，状況はそんなに単純ではない．例えば，次のような簡約をもつ関数 D, F, S を導入することを考えてみる．

$$\begin{aligned}
F(DMN) &\to M \\
S(DMN) &\to N \\
D(FM)(SM) &\to M
\end{aligned}$$

D は対をとる関数で，F は対の第一成分を取り出す第一射影関数，S は第二成分を取り出す第二射影関数を表す．3 つ目の簡約規則は，全射的対 (surjective pairing) と呼ばれる．これらの簡約は，通常の直積集合で考えると，各々両辺は等しいので，導入してもまったく問題は起らないように思える．しかし，この簡約規則を β 簡約に追加してしまうと，合流性は成り立たなくなってしまうことが知られている．

このような拡張をした簡約における合流性の反例を最初に発見したのは Klop(1980) である．ここでは Curien と Hardin(1991) による合流性の反例を紹介したい．

まず，λ 項をいくつか定義する．$Y = (\lambda xy.y(xxy))(\lambda xy.y(xxy))$ は「チューリングの不動点演算子」と呼ばれ，

$$(YM) \xrightarrow[\beta]{*} M(YM)$$

という性質をもっている．ちなみに $\lambda xy.$ は $\lambda x.\lambda y.$ の略記である．また，$V = \lambda xy.D(F(ey))(S(e(xy)))$, $C = YV$, $B = YC$ とおく．

任意の項 M に対して，

$$CM = YVM \xrightarrow[\beta]{*} V(YV)M = VCM \xrightarrow[\beta]{*} D(F(eM))(S(e(CM))) \quad (3)$$

が成り立つ．

$$B = YC \xrightarrow[\beta]{*} C(YC) = CB$$

だから，(3) を用いると

$$B \xrightarrow[\beta]{*} CB \xrightarrow[\beta]{*} D(F(eB))(S(e(CB))) \xrightarrow[\beta]{*} D(F(e(CB)))(S(e(CB))) \xrightarrow[\beta]{*} e(CB)$$

となる．右端の項を A とおく．すると B は

$$B \xrightarrow[\beta]{*} CB \xrightarrow[\beta]{*} CA$$

とも簡約される．このように，B の簡約は $B \xrightarrow[\beta]{*} A$ と $B \xrightarrow[\beta]{*} CA$ に分岐してしまうのだが，ここでは合流すると仮定し，合流する項を K とする．すなわち，$A \xrightarrow[\beta]{*} K$ かつ，$CA \xrightarrow[\beta]{*} K$ である．そのような K は，何通りもありうるのだが，そのうちで，頭部に現われる変数 e の個数が最小のものをとることとする．項 K は $K = e(e(\cdots(eK')))$（ただし，K' は eK'' という形ではない）という形で現わすことができるわけだが，この $e(e(\cdots (e$ に現れる e の個数を「頭部に現れる変数 e の個数」というのである．

さて，次に C がどのように簡約されているかを見てゆきたい．

$$\begin{aligned}
C &= (\lambda xy.y(xxy))\ (\lambda xy.y(xxy))\ V \\
&\xrightarrow[\beta]{} (\lambda y'.y'((\lambda xy.y(xxy))\ (\lambda xy.y(xxy))\ y'))V \\
&= (\lambda y'.y'(Yy'))V \\
&\xrightarrow[\beta]{*} (\lambda y'.y'Z)V \quad (\text{ただし } Z \text{ は } Yy' \xrightarrow[\beta]{*} Z)
\end{aligned}$$

$$\overset{*}{\underset{\beta}{\to}} V(Z[y' := V])$$

$$\overset{*}{\underset{\beta}{\to}} VC' \qquad (ただし C' は Z[y' := V] \overset{*}{\underset{\beta}{\to}} C')$$

$$\underset{\beta}{\to} \lambda y.D(F(ey))(S(e(C'y)))$$

$$\overset{*}{\underset{\beta}{\to}} \lambda y.D(F(ey))(S(eC'')) \qquad (ただし C'y \overset{*}{\underset{\beta}{\to}} C'')$$

ちなみに，$Yy' \overset{*}{\underset{\beta}{\to}} Z$ であるので，$C = YV \overset{*}{\underset{\beta}{\to}} Z[y' := V]$ となる．よって，$C \overset{*}{\underset{\beta}{\to}} C'$ である．上の簡約列の最後の項に対して，全射的対の簡約が適用可能であるのは，$C'y \overset{*}{\underset{\beta}{\to}} y$ となる場合である．もしそうだとすると，$Cy \overset{*}{\underset{\beta}{\to}} y$ が成り立つ．一方，前の (3) から

$$Cy \overset{*}{\underset{\beta}{\to}} D(F(ey))(S(e(Cy))) \overset{*}{\underset{\beta}{\to}} D(F(ey))(S(ey)) \underset{\beta}{\to} ey$$

も成り立つ．y と ey は合流しないので，これが合流性の反例となる．よって，$C'y \overset{*}{\underset{\beta}{\to}} y$ とはならないとし，$C \overset{*}{\underset{\beta}{\to}} \lambda y.D(F(ey))(S(eC''))$ の右端の項の D に対して全射的対の簡約が適用できない場合を考える．このとき，CA がどのように K へ簡約されていくのかをみてゆこう．$CA \overset{*}{\underset{\beta}{\to}} K$ だとすると，その簡約列は下記のような形になる．

$$CA \overset{*}{\underset{\beta}{\to}} D(F(eA'))(S(e(C''[y := A']))) \qquad (ただし A \overset{*}{\underset{\beta}{\to}} A')$$

$$\overset{*}{\underset{\beta}{\to}} eQ \qquad (ただし A' \overset{*}{\underset{\beta}{\to}} Q かつ C''[y := A'] \overset{*}{\underset{\beta}{\to}} Q)$$

$$\overset{*}{\underset{\beta}{\to}} K$$

しかしそうだとすると，$A \overset{*}{\underset{\beta}{\to}} A' \overset{*}{\underset{\beta}{\to}} Q$ であり，かつ，$CA \overset{*}{\underset{\beta}{\to}} C'A' \overset{*}{\underset{\beta}{\to}} C''[y := A'] \overset{*}{\underset{\beta}{\to}} Q$ となる．つまり A と CA は Q にも合流する．簡約列 $eQ \overset{*}{\underset{\beta}{\to}} K$ に着目する．この簡約列では，eQ の頭部に現れる変数 e はそのまま変化することがないので，Q の頭部の変数 e の数は，K の頭部の変数 e の数よりも真に小さい．このことは，K の定め方に矛盾する．よって，この場合，A と CA は合流しないことがわかる．

4　λ計算の美しさともろさ

　上記のような拡張をしない限り，λ計算は合流性を有する．合流性という性質は簡明な性質であり，その証明は簡潔で美しい．λ計算の拡張は，プログラミング言語の研究と関連し，さまざまなものが研究されてきた．私自身もそのような拡張に取り組んできた研究者の一人である．λ計算の拡張を提案した場合，その拡張が合流性を保存するか否かは，大変興味深いテーマとなる．合流性という性質は干菓子のようにもろく，拡張や改造をすると，多くの場合崩れてしまう．そのもろさは，λ計算の美しさを引き立たせる．

　ここで紹介したλ計算は，型なしλ計算と呼ばれるものである．それに対して，λ項が何を表現しているのかを示す属性として，型というものをλ項に付していく，型付きλ計算と呼ばれる体系もある．型の体系は，基本的で単純な単純型体系と呼ばれるものから，多相型体系，高階型体系などの高度で複雑なものまで考え出されている．型付きλ計算の多くは，合流性や強正規化定理 (簡約が順序に依存せず必ず停止するという性質) などの強い性質を満たしている．型付きλ計算は，型体系という「規律」によって強く統制された世界であり「秩序」があり，そういう意味では美しいのだが，その美しさは型なしλ計算とは別物であろう．

　一方で，λ計算が全面的に美しいわけではない．本書で代入 $M[x := N]$ は直感的に説明しただけで定義を紹介しなかった．また，λ計算では束縛変数の名前の違いは本質的な違いとはみなさない．$\lambda x.x$ と $\lambda y.y$ ととは同一視するのである．これらのことは明確には述べていない．それは，本稿に費せるページ数とか読者に与える印象など，世俗的な諸事を考慮した面もある．しかし，本当の理由はそれらが美しいと言うには複雑すぎるからであった．それらは，直感的には誤解なく理解できる概念であるので，数学的にきっちりと記述しなくても，問題はほとんど起らない．ただ，λ計算の理論をコンピュータ上のソフトウェアである証明システムを用いて形式化しようとすると，代入や束縛変数名の違いの扱いは，複雑となり，一大問題となってしまう．また，(型なし) λ計算に対して，ある種の位相構造をもった空間を用いて数学的なモデルを与える，意味論と呼ばれる研究分野がある．意味論で扱われる空間も，数学科の初年度で学習するような様々な位相空間と比べると，少なくとも私の感性においては美しいと言うことはできない．λ計算の美しさは，ある特定の角度からのみ見ることができるものなのかもしれない．

参考文献

[1]　A. Church, J B Rosser *"Some properties of conversion"*, Transactions of the Americal Mathematical Society **39** (1935), pp.472–482.

[2]　H. P. Barendregt *"The Lambda Calculus, its Syntax and Sematics"*, North-Holland Co., Amsterdam, 1984.

[3]　J. R. Hindley and J. P. Seldin *"Lambda-Calculus and Combinators, an Introduction"*, Cambridge University Press, 2008.

[4]　高橋正子『計算論——計算可能性とラムダ計算』, 近代科学社 (コンピュータサイエンス大学講座), 1991.

[5]　P.-L. Curien, T. Hardin *"Yet yet a counterexample for $\lambda + SP$"*, Journal of Functional Programming **4**, no.1 (1994), pp.113–115.

数学の野原を飛び出して

補間多項式の一意存在定理

縫田光司

　数学は「積み重ねの学問」であるとしばしば称されますが，私は最近，数学という分野は野原に高く積み上げられた塔の集まりに似ている，と感じています．

1　数学の野原

　数学 (もしくは算数) の系統立てられた学習を始めて間も無く，あるいは人によってはそれより前かもしれませんが，私達は「数」や「形」といった数学に現れる根源的な概念を学びあるいは感じてきたことと思います．それらの対象は，野に咲き茂る草花や木々，またそれらを支える大地を成す土砂の如く，数学の世界の至る所にその存在を認めることができます．数学を深く知る前から既に，それら「数」や「形」の中に何らかの美しさや不思議さを感じ取られていた方も少なくないでしょう．しかし，数学の野原を訪れて間も無い若き日の私達には，まだそれらの魅力を解き明かし理解を深める術がありませんでした．

　そんな数学の野原には，数学に魅せられた数多の先人達の成果が積み上げられてできた種々の「塔」がそびえています．例えば，代数学の塔，幾何学の塔，解析学の塔，といった具合です．塔の中には，数学の野原を彩る木々や草花や土砂についてより深く知るための古の道具 (定理) が置いてあったり，またその良い使い方を学ぶ練習場が設けられています．一歩一歩塔を登り，道具の使い方を習得するには相応の (知的) 体力と時間が求められ，決して楽な道程ではありません．しかし，その苦労を厭わないだけの，もしくは苦労を苦労とすら感じずに済むだけの魅力が数学には存在すると筆者は感じていますし，本書を紐解かれた方もま

た，その種の魅力を少なからず感じておられるのではないかと想像します．

2　高みより

　数学の野原に立つこれらの塔の数々は，地上から眺めるだけだと各々孤立しているようにも見えます．ですが実は，塔を登っていくにつれて，元々は孤立して見えた塔同士が，いくつもの渡り廊下で往来できる互いに入り組んだ複雑な構造をしていると気付くことができます．このような渡り廊下には，塔を登り始めて存外早い段階で辿り着くことができます．例えば高校辺りで習う数学の範囲に限っても，関数の微分などを用いて関数のグラフの概形を描き，座標軸との交点を探すことで方程式の解の存在を調べる，といった「代数」「幾何」「解析」の入り混じった操作が既に行われているわけです．そのような様々な分野の入り混じり方は塔を登るに従い複雑さを増していき，時に「数学の内部を分野に細分する行為にどれだけの意味があるのだろうか」と疑問にすら感じられるほどです．

　塔を登ることで見えてくるものは，塔同士の横の繋がりだけではありません．数学の草花や木々についても，ナスカの地上絵の如く，高い所から眺めることで初めて明らかになる風景があります．一例として，有名な「平方剰余の相互法則」を挙げておきます．詳細な説明は数多ある初等整数論の成書に譲りますが，この定理は，整数を素数 p で割った余りの世界における「平方根」の存在条件が，異なる素数 p 同士の間で互いに絶妙な関係にあることを教えてくれる，初等整数論の代表選手です．他にも，塔を高く登れば登るほど，さらに思いがけない見事な「地上絵」が見えるのですが，本稿では割愛します．きっと，それらの絶景の一端は，本書を彩る他の筆者の方々が存分に綴って下さっていることでしょう．

3　数学は生きている

　それらの塔を住処とする人々のことを，数学者と呼びます．

　数学者にもいろいろなタイプがあります．ある人々は，前述の様々な数学の地上絵をより見晴らしの良い場所から眺めるべく，塔の高みへと登り続けていきます．結果，そのタイプの数学者の研究は一般性と抽象度が非常に高くなる傾向にあります．世間一般の方々が「数学者」に持っておられるイメージに近いのは恐

らくこちらのタイプではないでしょうか.

　一方，別のタイプの人々は，より高い位置から数学を地上絵として観察することよりも，数学の草花や木々や土砂をより身近に感じられる地上付近に本拠を置き，それら草木の一本一本を子細に愛でることを好みます．そのような数学者の研究は，前者のタイプに比べてより素朴で，取り扱う対象も具体性の高いものになる傾向があります[1]．例えば，「組合せ論」や「離散数学」と呼ばれる分野の研究者にはこちらのタイプが多いように感じられます．

　両方のタイプに共通する行動は，塔を探索し道具を収集する際に，既に存在する通り道や道具だけで充分とせず，塔の壁をぶち抜いて新たな渡り廊下を建設したり，より便利な道具を自ら開発することです．そのため数学の塔は決して固定化された存在ではなく，現在もなお生き物の如くその姿を変え続けているのです．

4　「美しい定理」の輸出：数学は独りではない

　以上は数学の野原とそこに立つ数々の塔，またその塔に住む人々だけに着目したお話です．しかし，普段数学の塔の中だけにいるとついつい忘れがちなことですが，この世界は決して数学の野原だけで閉じているわけではありません．数学の野原のすぐ側には，別のいろいろな分野の野原が広がっていて，そこではまた別の人々がそれぞれの営みを送っています．

　野原の違いはある意味で国の違いのようなもので，各々に確立された様式や言語や文化や価値観などがあります．そのため，異なる野原の人々と交流することは時として非常に難しいものです．ですが，現在の日本文化のある部分が外国からの影響を受けており，また逆に諸外国に影響を与えた日本発の文化があるのと同様に，今日の数学の形成に周辺分野が与えてきた影響，また数学が周辺分野の発展に際して及ぼしてきた影響はどちらも極めて大きなものです．上述した二つのタイプと異なる三番目のタイプの数学者は，異文化交流の困難を乗り越え数学

---

[1] 念のため書き添えておきますと，このタイプの数学者は塔を「登れない」のではなく，好みの問題で敢えて「登らない」のです．文字にすると母音一つしか差がない両者ですが，その内容には天と地ほどの開きがあります．実際，このタイプの数学者も必要に迫られれば，野原の眺めを確認したり便利な道具を使うためにちょっと塔の高いところへ登りに行くものです．逆に，先のタイプの数学者も，個々の草木を愛でたくなって地上付近まで降りてくることもあります．

の野原の内外を行き来して，互いの知識や特産物の交換に寄与する探検者や貿易商のような人々です．このような人々は周辺の野原にもやはり存在し，数学の野原でしか手に入らない知識や道具を求めて度々数学の野原を訪れています．

筆者自身も元々は数学の塔の内部でのみ過ごす住民でしたが，現在は情報セキュリティという分野 (乱暴にまとめると，暗号理論などを扱う分野です) と数学との間を行き来する生活を送っています．コンピュータ上のシステムを扱うことの多い情報セキュリティ分野は数学との親和性が高く，これまでにも様々な数学の研究成果が応用されています．筆者もまた，過去のみならず現在の情報セキュリティ分野における数学の重要性を肌身に感じております．そんな情報セキュリティ分野に輸出されて華々しい成果を挙げた数学の定理の一つが，本稿で取り上げる「美しい定理」であるところの「補間多項式の一意存在定理」[2]です：

平面上の $n+1$ 点 $(a_0, b_0), (a_1, b_1), \cdots, (a_n, b_n)$ (ただし各 a_i たちは互いに異なる) を通る n 次多項式[3] $f(x) = c_n x^n + c_{n-1} x^{n-1} + \cdots + c_1 x + c_0$ は常に存在し，唯一つに定まる．

ただし，細かいことを言いますと，この定理が成り立つためには多項式 $f(x)$ の係数の範囲を，ある「体」(簡単に言うと，実数のように加減乗除の定義された数の集合) に取る必要があります[4]．また念のため用語の補足をしますと，多項式 $f(x)$ が点 (a,b) を通る，というのは等式 $f(a) = b$ が成り立つことを指します．

この定理に現れる多項式 $f(x)$ は，部分的に判明している点の間を補うという意味で「補間多項式」と呼ばれています．余りにもつまらなさ過ぎる $n=0$ の場合を除いてもっとも簡単な例は $n=1$ の場合ですが，このとき上の定理は「平面上の 2 点を通る直線は唯一つ存在する」という良く知られた事項に対応します．$n=2$ ぐらいまでであれば，予備知識無しでの初等的な証明もそれほどややこしくはないかと思います．一般の場合の証明は割愛しますが，大学初年度の数学 (線

---

[2] 実の所，筆者は薄学にしてこの定理の正式名称を知らないため，これは仮の名称です．

[3] 本稿では表現の煩雑化を避けるため，最高次の係数 c_n が 0 である場合を含めて $f(x)$ を「n 次」多項式と呼ぶことにします．

[4] 実際，係数の範囲を整数に限定すると，$n=1$ の場合について，2 点 $(0,0)$ と $(2,1)$ を通る 1 次多項式 $f(x) = c_1 x + c_0$ は存在しないことが簡単な計算で証明できます．

型代数) で習う Vandermonde 行列[5]の正則性を用いるのが筆者の知るもっとも簡明な証明です．また，この証明では補間多項式の存在だけでなくその具体的な計算方法をも同時に与えています．定理自体のみならずこの証明もまた，簡明さ故の「美しさ」を備えているように筆者は感じています．

この補間多項式の一意存在定理は数学的にも充分重要な定理ですが，上述の通り情報セキュリティの分野に応用されたことでその輝きがさらに増すこととなりました．その応用の一つが，次項で紹介する「Shamir の秘密分散法」です．

5 秘密分散法：「美しい定理」の咲かせた花

秘密分散法 (secret sharing scheme) は情報セキュリティの分野における基盤技術の一つです．いろいろな派生形があるのですが，もっとも基本的な「(k, n)-しきい値法」と呼ばれるタイプの秘密分散法は，以下の問題を解決するものです：

(1) ある秘密の情報を，複数 (n 人) のユーザ間で分散して管理したい．
(2) 一定数 (k 人) 以上のユーザが情報を持ち寄れば，元々の秘密情報をきちんと復元できるようにしたい．
(3) 一方，その数に満たない ($k-1$ 人以下の) ユーザが情報を持ち寄っても，元々の秘密情報がまったく漏れないようにしたい．

この種の問題自体はより以前から考察されていた模様ですが，初めての効率的な (計算時間や記憶容量をあまり必要としない) 解法は 1979 年に Adi Shamir [1] と George Blakley [2] によって独立に考案されました．両者の考案した方法は互いに異なりますが，ここで紹介するのは前者の，本稿の主題である補間多項式の一意存在定理を用いた Shamir[6]の手法です．

Shamir の方式では，まず分散して管理したい秘密情報を数として表わします．このとき「数」として，整数を充分大きな素数 p で割った余りの集合 $\mathbb{F}_p$ の要素を用いることにすると，$\mathbb{F}_p$ では Euclid の互除法を用いて「割り算」ができる[7]ので

---

[5] 日本語での読みを手元の書籍で調べたところ「ファンデルモンド」と「ヴァンデルモンド」の二通りありました．数学者に尋ねる場合には多分どちらでも通じると思いますが．

[6] Shamir は，現在の標準的な暗号の一つ「RSA 暗号」の考案者の一人でもあります．

[7] つまり，a を p で割った余りを一時的に $\bar{a}$ と書きますと，p の倍数でない任意の整数 a について，$\overline{ab} = 1$ となる整数 b が求まります．このとき $\bar{b}$ が $\mathbb{F}_p$ における $\bar{a}$ の逆数です．

定理の後に注意した条件を満たします．(整数を p で割った余りの世界に不慣れな方は，代わりに有理数や実数のような「普通の」数だと思って読み進めて下さって構いません．) 今，選んできた秘密情報に対応する数を $D \in \mathbb{F}_p$ としますと，各ユーザに渡される情報は以下のように計算されます：

(ⅰ) 定数項を $c_0 = D$ とし，他の係数 $c_1, \cdots, c_{k-1}$ を $\mathbb{F}_p$ から一様ランダムかつ独立に選んで，$k-1$ 次多項式 $f(x) = c_{k-1}x^{k-1} + \cdots + c_1 x + c_0$ を作る．

(ⅱ) i 番目のユーザ u_i ($1 \leq i \leq n$) に渡す情報 D_i を $D_i = f(i)$ で定める．

この方法の妥当性を確認しましょう．まず，k 人以上のユーザ $u_{i_1}, \cdots, u_{i_\ell}$ ($\ell \geq k$) が集まった (2) の場合を考えます．この場合は，それらのユーザのうち k 人が持つ情報 $D_{i_1}, \cdots, D_{i_k}$ を使って，点 (i_j, D_{i_j}) ($1 \leq j \leq k$) を全て通る $k-1$ 次の補間多項式 $g(x)$ を一意存在定理の「存在」部に従って求めます．すると，$f(x)$ も $g(x)$ も同じ k 個の点を通る $k-1$ 次多項式ですから，一意存在定理の「一意性」部により $g(x)$ は $f(x)$ そのものであることがわかります[8]．後は $g(x)$ の定数項を取り出せばそれが所望の秘密情報と一致する，という具合です．

次に上記 (3) の場合，つまりユーザが k 人に満たない場合を考えます．もっとも対処の難しい状況として，ちょうど $k-1$ 人のユーザ $u_{i_1}, \cdots, u_{i_{k-1}}$ が集まったものと仮定しましょう．このとき，任意の $D' \in \mathbb{F}_p$ について，k 個の点 $(0, D'), (i_1, D_{i_1}), \cdots, (i_{k-1}, D_{i_{k-1}})$ を全て通る $k-1$ 次の補間多項式 $g_{D'}(x)$ は，補間多項式の一意存在定理によって唯一つ定まります．もし $D = D'$ であれば，上の多項式 $f(x)$ も同じ k 個の点を通ることから，再び補間多項式の一意存在定理によって $f(x) = g_{D'}(x)$ となります．ここで，元々の秘密情報 D が各々等確率で選ばれるものとすると，上の多項式 $f(x)$ も全ての候補から一様ランダムに選ばれることになるため，各 $g_{D'}(x)$ が $f(x)$ と一致する確率は全て互いに等しくなります．つまりこの状況でも D が何であるかは完全にランダムなままなので，D に関する情報は何一つ漏れていないということになります．以上で，Shamir の秘密分散法の妥当性が確認できました．

---

[8] この議論は，ℓ 人のユーザのうち初めにどの k 人を選んだとしても同様に成り立つため，秘密情報の復元の際に k 人のユーザをどのように選んでもよいことが見て取れます．

上の議論では，補間多項式の一意存在定理さえ認めてしまえば，Shamir の方式の妥当性を確かめるのに特別な予備知識は必要ありませんでした．実際のところ，Shamir の方式は知ってしまえば「なーんだ」と言いたくなるぐらい単純なものですが，だからこそ逆に初めてその可能性に気付いて実際に方式を考案したShamir の閃きに，筆者はまた別の「美しさ」を感じています．

6 数学の拓く世界，数学の美しさ

　Shamir と Blakley によって拓かれた秘密分散法は，その後現在に至るまで様々な形で発展を続けており，情報セキュリティにおける一つの研究分野として確立しています．例えば，秘密情報を復元する際に，元々の「しきい値法」ではどのユーザでも良いから k 人集まれば復元できるという状況を考えましたが，他にも秘密情報を復元できるユーザの集合に関する条件をより柔軟に設定できる方式についても研究が行われています．また，ネットワーク上でのやり取りのようにユーザ同士が互いを知らず，必ずしも信頼できない状況では，ある不正なユーザが自らの持つ情報を正直に申告しない可能性をも考慮する必要が生じますが，そのようにユーザが正直とは限らない状況にも対応できる秘密分散法なども研究されています．

　別の興味深い派生物として，Moni Naor と前述の Adi Shamir によって考案された視覚型秘密分散法 (visual secret sharing scheme，略して VSSS) というものがあります [3]．通常の秘密分散法では，先の説明の通り分散したい秘密情報と各ユーザが保持する情報はともに数として表現されますが，視覚型秘密分散法では人間が物理的に読める画像の形で秘密情報を表現することができます．各ユーザには，一見すると単に出鱈目にしか見えない模様が描かれた透明なシートが渡されます．ユーザたちが集まった際に秘密情報を復元する方法は，単純にそれらのシートを重ねるだけです．ここでユーザの集合がある条件 (人数など) を満たせば秘密情報の画像が浮かび上がってきますが，一方でその条件を満たさない場合は，相変わらず重ね合わせたシートの模様は出鱈目に見えるままです．このように，秘密情報の復元に計算をまったく使わない形で秘密分散法を実現することもできます．

　こうして，補間多項式の一意存在定理という美しい数学の定理が基となり，情報セキュリティという数学の周辺分野で一つの研究領域が生まれ育つに至ったのです．なお，上に紹介した研究以外にも補間多項式の一意存在定理は情報セキュ

リティ分野へいろいろな形で応用されており，実際 (詳細はまだ秘密ですが) 筆者の同僚の某氏も最近の研究で，補間多項式の一意存在定理が鍵となる新しい情報セキュリティ技術を考案しようと試みているようです．このように，補間多項式の一意存在定理は古くから知られた定理でありながら，今もなおその魅力を増しつつある，フレッシュな「美しさ」に満ちた定理であると言えましょう．

「美しい」数学の例として普段よく語られるのは，大抵が冒頭の喩えで言う塔の高みから見下ろせる野原の風景や，塔の高層で手に入る便利な道具の数々です．それらは「美しさ」の種類で言えば，宝石の煌きや，優れた道具に特有の機能美に近いものと思います．そのような調和，機能美，清潔さが数学の大きな魅力である，そのこと自体は恐らく真実でしょうし，今後も変わることはないでしょう．

一方，数学の周辺の野原に広がる景色は，そのような調和や機能美や清潔さという点では数学の野原の景色に敵わないかもしれません．しかし，そんな別の野原の景色も，じっくり味わってみるとまた中々に美しいものです．それはひょっとすると，不揃いで歪な形に焼き上げられた茶碗や湯呑に感じる「美しさ」に通じるものであるかもしれません．また，Shamir の秘密分散法のように，そんな不揃いな景色の中に見出された数学的な「美しさ」からは，不調和の中の調和という対比故にまた新鮮な魅力も感じられることと思います．さらに言うならば，筆者は，不調和という泥の中から数学的な調和という宝石を見出してきた先人達の営みそのものにも，また何とも言えない「美しさ」を感じます．それはあたかも，農家や漁師や職人の使い込まれた傷だらけの手に宿る美しさのようでもあります．

数学がより美しく，より自由で活き活きとした学問であり続けるために，宝石の美しさだけでなく歪な湯呑や傷だらけの手の美しさをも解する方が増え，数学の野原と周辺の野原との交流が益々活発になることを願って止みません．そして，私自身も「探検者」あるいは「貿易商」としての役割を続けつつも，数学者の端くれとして上記のような「美しさ」を少しでも多く提供していけたならば，またその「美しさ」を少しでも多くの方々に伝えることができたならば，これに勝る喜びはありません．そのような願いを以て，本稿の結びとしたいと思います．

参考文献

[1] A. Shamir *"How to share a secret"*, Communications of the ACM **22**, no.11 (1979), pp.612–613.

[2] G. R. Blakley *"Safeguarding cryptographic keys"*, Proceedings of 1979 National Computer Conference, AFIPS Proceedings **48** (1979), pp.313–317.

[3] M. Naor, A. Shamir *"Visual cryptography"*, Proceedings of EUROCRYPT 1994, Lecture Notes in Computer Science **950** (1995), pp.1–12.

ガウスとフロベニウス

平方剰余法則と指標の直交関係

原田耕一郎

1 平方剰余の相互法則

$$\left(\frac{p}{q}\right)\left(\frac{q}{p}\right) = (-1)^{\frac{p-1}{2}\frac{q-1}{2}} \tag{1}$$

という式は見たことがあるだろうか．数学を志していれば，そのうちに必ず見る式である．上の主部分と補充法則

$$\left(\frac{-1}{p}\right) = (-1)^{\frac{p-1}{2}}, \qquad \left(\frac{2}{p}\right) = (-1)^{\frac{p^2-1}{8}} \tag{2}$$

をあわせて，平方剰余の相互法則と呼んでいる．ここで p, q は奇数の素数 (奇素数という) である．a を奇素数 p と素な整数とするとき，記号

$$\left(\frac{a}{p}\right)$$

は，a がある整数 m, n に対して $a = m^2 + np$ と表示できるならば 1, そうでなければ -1 と定義する．たとえば，次のことがわかる．

$$\left(\frac{-1}{5}\right) = 1, \qquad \left(\frac{3}{7}\right) = -1, \qquad \left(\frac{2}{17}\right) = 1.$$

まず，手計算をしてみて，(1) と (2) で確かめるとよい．また，積公式

$$\left(\frac{ab}{p}\right) = \left(\frac{a}{p}\right)\left(\frac{b}{p}\right)$$

も成立する．平方剰余の相互法則はオイラーが予測し，ガウスが証明した．私自身,

初等的な証明を 3 つほど読んだが，どれもあまり美しいとは思えない．(初等的ではない) 証明をひとつ書く．また，補充法則 (2) はそのまま認めることにする．まず，次の (A), (B) は承認しよう．(A) は証明しないが，(B) はあとで証明する．

(A) 環 $\overline{R}$ を定義する．$\mathbb{F}_p$ は p 個の元からなる体であり，$\mathbb{Z}/p\mathbb{Z} = \mathbb{F}_p$ とみる．m を p で割れない整数とするとき，$m \pmod{p}$ とも，$m \in \mathbb{F}_p$ ともみなすことにする．ここで

$$\overline{R} = (\mathbb{Z}/p\mathbb{Z})[X]/(X^2 - m) = \mathbb{F}_p[X]/(X^2 - m).$$

とおく．このとき，$\overline{R}$ は 2 次式 $X^2 - m = 0$ が $\mathbb{F}_p$ の中で根を持てば，素イデアルをちょうど 2 つ持ち，$\overline{R}$ はそれらの直和になる．また根がなければ，$\overline{R}$ は体となる．すなわち，$\{0\}$ が唯一の素イデアルである．

(B) ζ_p を 1 の原始 p 乗根とするとき，体 $\mathbb{Q}(\zeta_p)$ は $p \equiv 1 \pmod{4}$ ならば $\sqrt{p}$ を含み，$p \equiv -1 \pmod{4}$ ならば $\sqrt{-p}$ を含む．すなわちつねに

$$\sqrt{(-1)^{\frac{p-1}{2}}p} \in \mathbb{Q}(\zeta_p).$$

たとえば，$\sqrt{5} \in \mathbb{Q}(\zeta_5)$, $\sqrt{-7} \in \mathbb{Q}(\zeta_7)$ である．平方剰余の相互法則にはこのことから生ずる符号の補正だけがあらわれる．まさに，天が定めた法則と言うべきだろう．なお，$\mathbb{Q}(\zeta_p)$ が平方根 $\sqrt{p}, \sqrt{-p}$ をともに含むことはない．

さて p を奇素数として，記号の簡略化のため $p^* = (-1)^{\frac{p-1}{2}}p$ とおく．$\sqrt{p^*} \in \mathbb{Q}(\zeta_p)$ である．q も奇素数として，環 $R = \mathbb{Z}[X]/(X^2 - q^*)$ と，(A) 項で述べた環 $\overline{R} = (\mathbb{Z}/p\mathbb{Z})[X]/(X^2 - q^*) = \mathbb{F}_p[X]/(X^2 - q^*)$ を考える．$R \supset \mathbb{Z}$, $\overline{R} = R/pR$ とみなす．$\mathbb{Z}$ の素イデアル $p\mathbb{Z} = (p)$ を含む環 R の素イデアルは，$\overline{R}$ の素イデアルへの対応を考えると，(A) 項で述べたことにより，$\left(\dfrac{q^*}{p}\right) = 1$ ならば，ちょうど 2 つあり，また $\left(\dfrac{q^*}{p}\right) = -1$ ならば，pR は (p) を含む R の唯一の素イデアルである．補充法則を使うと

$$\left(\frac{q^*}{p}\right) = \left(\frac{(-1)^{\frac{q-1}{2}}}{p}\right)\left(\frac{q}{p}\right) = (-1)^{\frac{p-1}{2}\frac{q-1}{2}}\left(\frac{q}{p}\right)$$

だから, 相互法則 (1) は

$$\left(\frac{q^*}{p}\right) = \left(\frac{p}{q}\right) \tag{1^*}$$

のように書き直せる. 先の主張により (1^*) の左辺の意味はわかった. まとめると

$\mathbb{Z}$ の素イデアル $p\mathbb{Z} = (p)$ が $R = \mathbb{Z}[X]/(X^2 - q^*)$ のちょうど 2 つの素イデアルに含まれるのは, $\left(\dfrac{q^*}{p}\right) = 1$ のときに限る.

それでは, (1^*) の右辺の意味はなにか. もし

$\mathbb{Z}$ の素イデアル $p\mathbb{Z} = (p)$ が $R = \mathbb{Z}[X]/(X^2 - q^*)$ のちょうど 2 つの素イデアルに含まれるのは, $\left(\dfrac{p}{q}\right) = 1$ のときに限る.

という主張が証明できれば, (1^*) が証明できたことになる. $\mathbb{Q}$ の拡大体 $K = \mathbb{Q}(\zeta_q)$ を考える. 先に述べたように $\sqrt{q^*} \in K$ である. a を q と素な整数とするとき, ζ_q^a も 1 の原始 q 乗根で, ζ_q を ζ_q^a に移す写像は K の同形写像に拡張できる. 作用は $a \pmod{q}$ で定まり, $\mathbb{Z}/q\mathbb{Z}$ の乗法群 $(\mathbb{Z}/q\mathbb{Z})^\times$ は体 K の自己同形群の中へ写像される. 実はこれが, K の自己同形のすべてであり, K のガロア群 G となる. 群 $G \cong (\mathbb{Z}/q\mathbb{Z})^\times$ は位数 $q-1$ の巡回群である. ゆえに位数 $\dfrac{q-1}{2}$ の部分群をただひとつ持つ. それを H とおけば H は G の元の平方 (二乗) からなる. さて, H は G のただひとつの指数 2 の部分群であるから, ガロア理論によれば, $\mathbb{Q}$ は K の中にただひとつの 2 次拡大をもつ. それは $k = \mathbb{Q}(\sqrt{q^*})$ である. さらに, G の元で k のすべての元を固定するものは H の元に限る. 自然な対応 $G \cong (\mathbb{Z}/q\mathbb{Z})^\times$ で, 素数 p に対応する K の自己同形を σ_p とおく. この σ_p を用いて, 上で述べたことをまとめれば,

$\left(\dfrac{p}{q}\right) = 1$ のときに限って, σ_p は $k = \mathbb{Q}(\sqrt{q^*})$ の上に自明に作用する. すなわち, $\sigma_p \in H = \{g^2 \mid g \in G\}$.

ということが証明できた．σ_p は素数 p に関する体 K のフロベニウス写像と呼ばれる．さて，相互法則の証明は類体論を使うと，美しい終局を迎える．われわれの問題への類体論の応用は次の (I), (II) が同値であるということである．

(I) $\sigma_p \in H$. すなわち，$\left(\dfrac{p}{q}\right) = 1$.

(II) $\mathbb{Z}$ の素イデアル $p\mathbb{Z}$ は $k = \mathbb{Q}(\sqrt{q^*})$ の整数環の中ではちょうど 2 個の素イデアルに含まれる．

ここで，k の元 α で $X^2 + aX + b \in \mathbb{Z}[X]$ の零点となるもの全体の集合は環をなし，k の整数環と呼ばれ，$\mathfrak{o}_k$ などと書かれる．われわれの場合には $\mathfrak{o}_k = \mathbb{Z} \oplus \mathbb{Z}\left(\dfrac{-1 + \sqrt{q^*}}{2}\right)$ である．環 $\mathfrak{o}_k$ の p を含む素イデアルは環 $\mathfrak{o}_k/p\mathfrak{o}_k$ の素イデアルに対応する．$\mathfrak{o}_k$ の表示に $\dfrac{1}{2}$ が出てくるが，簡易化のために $\mathfrak{o}_k$ の部分環 $R = \mathbb{Z} \oplus \mathbb{Z}\sqrt{q^*}$ を考える．$[\mathfrak{o}_k : R] = 2$ で p が奇素数だから，

$$\mathfrak{o}_k/p\mathfrak{o}_K \cong R/pR = (\mathbb{Z} \oplus \mathbb{Z}\sqrt{q^*})/p(\mathbb{Z} \oplus \mathbb{Z}\sqrt{q^*}) \cong \mathbb{F}_p[X]/(X^2 - q^*)$$

となる．すなわち，環 $\mathfrak{o}_k/p\mathfrak{o}_k$ の素イデアルと環 $\mathbb{F}_p[X]/(X^2 - q^*)$ の素イデアルとは対応している．そこで，上の (I) と (II) の同値関係と，(A) で述べたことを $m = q^*$ として用いて，

$\mathbb{Z}$ の素イデアル $p\mathbb{Z} = (p)$ が $R = \mathbb{Z}[X]/(X^2 - q^*)$ のちょうど 2 つの素イデアルに含まれるのは，$\left(\dfrac{p}{q}\right) = 1$ のときに限る．

という主張が証明できたことになる．相互法則の主部分 (1^*) の証明が終わったのである．

すこし，ことばを加えると

$\mathbb{Z}$ の素イデアル $p\mathbb{Z}$ が体 $K = \mathbb{Q}(\zeta_q)$ の整数環 $\mathfrak{o}_K$ の中でちょうど体次数 $[K : \mathbb{Q}] = q - 1$ 個の素イデアルに含まれるのは，$\sigma_p = 1$ のときに限る．

ということが類体論からの帰結である．しかし，この結果は K の部分体（アーベ

ル拡大だから部分体はすべてガロア体) に自然に伝播する．部分体 $k = \mathbb{Q}(\sqrt{q^*})$ のガロア群が $G/H \cong \mathbb{Z}/2\mathbb{Z}$ であり，H の元が単位元に相当する．だから，$\sigma_p \in H$ のとき，すなわち，$\left(\dfrac{p}{q}\right) = 1$ のときに限って，$\mathbb{Z}$ の素イデアル $p\mathbb{Z}$ は体 $k = \mathbb{Q}(\sqrt{q^*})$ の整数環 $\mathfrak{o}_k$ の中でちょうど体次数 $[k:\mathbb{Q}] = 2$ 個の素イデアルに含まれるのである．素数の平方剰余とガロア群の元の平方が調和していることを味わってほしい．最後の段階で類体論など持ち出して，ずるいようだが，数学的素養のどの段階にいる人に説明するにしてもこれが一番美しい証明と信ずる．実は初等的な証明はやさしいし，ここで与えたものよりもっと短くできる．しかし，技術的なところもある．なによりも等式 (1*) の意味が不明になる．その成立の理由が不透明なのである．なお，$q^* = (-1)^{\frac{q-1}{2}} q$ を持ち出さないで，$m = q$ のままで議論を進めると等式

$$\left(\frac{q}{p}\right) = (-1)^{\frac{p-1}{2}\frac{q-1}{2}} \left(\frac{p}{q}\right) \tag{1**}$$

を証明することになる．同じように見えるがこちらはなかなか一筋縄では行かない．試してみるとよい．

2　ガウスの和

さて，証明せずに使った (B) に戻ろう．まず，

$$\tau = \sum_{1 \leq a \leq q-1} \left(\frac{a}{q}\right) \zeta_q^a$$

とおく．τ はガウスの和と呼ばれているものの中で一番簡単なものである．1 の原始 q 乗根 ζ_q の a 乗に平方剰余記号 $\left(\dfrac{a}{q}\right)$ を掛けてそれらを足し上げたものである．係数 $\left(\dfrac{a}{q}\right)$ は半分が 1 で残りの半分が -1 である．また，係数がなければ和は -1 となる．さて，τ の値を計算してみよう．

$$\tau^2 = \sum_{1 \leq a,b \leq q-1} \left(\frac{ab}{q}\right) \zeta_q^{a+b}$$

である．$a+b=0$ とそうでないところを分けるべきだろう．$a+b=0$ よりも $a-b=0$ の方が扱い易いから

$$\tau^2 = \sum_{1\le a,b\le q-1}\left(\frac{-ab}{q}\right)\zeta_q^{a-b}$$

と書き換えよう．さらに $a=bc$ とおくと見やすくなる．ただし，整数 a,b,c などは q を法として考えている．このあたりは考え方に柔軟性が必要である．

$$\tau^2 = \left(\frac{-1}{q}\right)\sum_{1\le b,c\le q-1}\left(\frac{c}{q}\right)\zeta_q^{b(c-1)} = \left(\frac{-1}{q}\right)\sum_c\left(\frac{c}{q}\right)\left(\sum_b\zeta_q^{b(c-1)}\right)$$

ここで $\left(\dfrac{b^2}{q}\right)=1$ を使っている．$c=1$ とそうでないときを分けよう．前者の和は明らかに

$$\left(\frac{-1}{q}\right)(q-1)$$

に等しい．また $c\ne 1$ のときは，

$$\sum_b \zeta_q^{b(c-1)} = -1, \qquad \sum_{c\ne 1}\left(\frac{c}{q}\right) = -1$$

であるから，

$$\tau^2 = \left(\frac{-1}{q}\right)[q-1+(-1)(-1)] = q^*$$

となる．ゆえに，$\tau = \pm\sqrt{q^*}$ となる．$\tau\in\mathbb{Q}(\zeta_q)$ だから，$\sqrt{q^*}\in\mathbb{Q}(\zeta_q)$ となり，(B) が証明できた．τ の平方記号の前の符号 $\pm$ は原始 q 乗根 ζ_q の取り方により，どちらも可能である．ガウスの和はもっと一般的な形 $\tau(\chi,\zeta_N)$ に拡張することができる．χ はディリクレ指標と呼ばれているものであり，ζ_N は 1 の原始 N 乗根である．その性質などを述べると，これから述べる指標の関係式がやや生きたものになるのだが，それは専門書に譲ることにする．

3 群の指標の直交関係

さて，本題の「群の指標の直交関係」に話を持っていこう．まず，G を位数 n の巡回群とする．G から複素数体の乗法群 $\mathbb{C}^\times$ への準同形写像 χ を考える．a を

G の生成元とすれば, $\chi(a)$ は 1 の n 乗根であり, $\chi(a)$ は n 個の異なる値をとることができる. しかも, $\chi(a)$ を決めれば, 準同形 χ が決まる. ゆえに, G は n 個の異なる準同形を持ち, それらの全体の集合 $\widehat{G}$ も位数 n の巡回群である. その生成元の1つを χ とおけば, $\widehat{G} = \{\chi^0 = 1, \chi, \chi^2, \cdots, \chi^{n-1}\}$ である.

試みに, $i \neq 0$ を固定して,
$$\sum_{g \in G} \chi^i(g)$$
を計算してみると, それは n のある約数 $d > 1$ に対して, 1 の d 乗根のすべての和の n/d 倍だから, 0 となる. $i = 0$ のときは和は $|G| = n$ である. 2つの積 $\chi^i \chi^j$ に対しても同様に
$$\sum_{g \in G} \chi^i(g)\chi^j(g) = 0$$
である, 例外は $i + j = 0$ の時だけであり, そのとき和は n である. 複素共役をとれば, $\overline{\chi^i(g)} = \chi^{-i}(g)$ である. そこで, 上の式を $|G| = n$ で割ると
$$\frac{1}{|G|} \sum_{g \in G} \chi^i(g) \overline{\chi^j(g)} = \delta_{ij} \tag{3}$$
となる. ここで δ_{ij} はクロネッカーのデルタと呼ばれるもので $i = j$ のとき $\delta_{ij} = 1$ でそれ以外の時は 0 と定義される.

式 (3) は次の表を水平 (横) 向きに足しあげたものと見ることができる.

$\widehat{G} \setminus G$	1	a	a^2	$\cdots$	a^{n-1}
1	1	1	1	$\cdots$	1
χ	1	ζ	ζ^2	$\cdots$	ζ^{n-1}
χ^2	1	ζ^2	ζ^4	$\cdots$	$\zeta^{2(n-1)}$
$\vdots$	$\vdots$	$\vdots$	$\vdots$		$\vdots$
χ^{n-1}	1	ζ^{n-1}	$\zeta^{2(n-1)}$	$\cdots$	$\zeta^{(n-1)^2}$

ここで, $\zeta = \zeta_n$ である. こんどは縦向きに足してみよう. すると, $g, g' \in G$ のとき,
$$\frac{1}{|G|} \sum_{0 \leq k \leq n-1} \chi^k(g) \overline{\chi^k(g')} = \delta_{gg'} \tag{4}$$

となる．この (3), (4) 式を巡回群 G の指標の直交関係という．前節で述べた $\sum_b \zeta_q^{b(c-1)} = -1$, $\sum_{c \neq 1} \left(\dfrac{c}{q}\right) = -1$ なども，-1 を左辺に移項してみれば，簡単な直交関係であることがわかる．これが本稿の題のひとつの理由である．

つぎに，G を有限アーベル群とし，$\widehat{G}$ を G から $\mathbb{C}^\times$ への準同形 χ 全体からなる集合とせよ．このとき次が成立する．

（1） $\widehat{G}$ は写像の積 $(\chi \cdot \chi')(g) = \chi(a) \cdot \chi'(g)$ に関して群をなし，G と $\widehat{G}$ は同形である．とくに $|G| = |\widehat{G}|$.

（2） 次の 2 つの直交関係が成立する．

$$\frac{1}{|G|} \sum_{g \in G} \chi(g) \overline{\chi'(g)} = \delta_{\chi\chi'} \tag{3*}$$

$$\frac{1}{|G|} \sum_{\chi \in \widehat{G}} \chi(g) \overline{\chi(g')} = \delta_{gg'} \tag{4*}$$

すなわち，巡回群の場合とまったく同じ形の直交関係が成立する．$\chi \in \widehat{G}$ のとき，像 $\chi(G)$ はある n に対しての 1 の n 乗根全体だから，アーベル群の指標の直交関係は巡回群の場合からのほぼ自明な帰結である．

この可換群の場合を非可換群に拡張しようという試みは直接にはなされなかったようだ．非可換群 G から $\mathbb{C}^\times$ への準同形は，多くの場合，自明のものしか存在しないから拡張の手段がなかったのだろう．それが，ある意味ではまったくの偶然から大きく変わることになった．19 世紀も終わりに近い 1896 年の 3 月デデキントがフロベニウスにある問題 (群行列に関すること) を提出した．それをフロベニウスはすぐ解いた．そればかりでなく，それから 1ヶ月ほどの間に，非可換群の表現論の骨格をほぼ完成させてしまったのである．ただ，フロベニウスはその年の終わりごろになってから，その理論の重大さに気がついたようである．このあたりの歴史は面白いのだが，それはその方面の書物にゆずり，シューアなどが再構築した表現論の結果だけ書くことにする．

可換群の場合は G から 1 次元の行列群 $\mathbb{C}^\times$ への準同形を考えたが，非可換群 G では，任意次元の行列群への準同形を G の表現と呼ぶ．行列の大きさはなんでもよいが，表現の既約性，同値性などを定義すると，考えなくてはならない表現

はあまり多くはないことがわかる．2 つの表現 ρ と ρ' が同値であるとは，行列を定義するために用いたベクトル空間の基底を選び直すと 2 つの行列 $\rho(g)$ と $\rho'(g)$ がすべての $g \in G$ に関してまったく同じになってしまうことである．また，既約表現とは，2 つの表現の直和に同値にならない表現のことをいう．

群の共役類とは次のものである．

定義 G を群とし，$a \in G$ とする．このとき，G の部分集合 $C = \{g^{-1}ag \mid g \in G\}$ を，a を含む G の共役類という．

G が有限群であれば，もちろん異なる共役類の個数は有限である．s を共役類の個数とすれば，G はちょうど s 個の同値でない既約表現を持つ．さて，ρ を G の表現とすれば，ρ は G から行列群 $GL(n, \mathbb{C})$ への準同形写像である．$A \in GL(n, \mathbb{C})$ として，行列 A になんらかの数値を対応させるとすると，まずトレース $\mathrm{Tr}(A)$ と行列式 $\det(A)$ が考えられる．実例をすこし計算すれば，後者は表現の違いをあまり記述してくれないことがわかる．そこで次に $\mathrm{Tr}(A)$ を考える．すなわち，G から $\mathbb{C}$ への関数 χ_ρ を

$$\chi_\rho(g) = \mathrm{Tr}(\rho(g))$$

で定義して，χ_ρ を表現 ρ の指標と呼ぶ．ここで次のようなすばらしい定理が成立することがわかる．

定理 ρ, ρ' を有限群 G の 2 つの表現とするとき，次の 2 条件は同値である．
（1） ρ と ρ' は同値である．
（2） χ_ρ と $\chi_{\rho'}$ は G の関数として等しい．すなわち，$\chi_\rho(g) = \chi_{\rho'}(g)$ がすべての $g \in G$ について成立する．

例えば (2) が成立するとしよう．G の単位元には単位行列が対応しているから，$\chi_\rho(1) = \chi_{\rho'}(1)$ となり，2 つの表現 ρ, ρ' の（行列の）次元（表現の次数という）は等しい．しかし，それ以外にすぐわかることはない．ところが定理によると，この 2 つの表現には

$$A^{-1}\rho(g)A = \rho'(g)$$

がすべての $g \in G$ に対して成立しているような正則行列 A が存在するのである．すなわち，基底の選び方を除けば，行列の対角成分の和 (トレース) が他の行列成分をすべて唯一に決定しているのである．群環とか，いろいろなものを学ぶと，なるほどそうなるべきとは思うのだが，やはり深い真理と言わねばならない．

さて，これらの既約表現の間に存在する直交関係について述べよう．そこで $C_1, C_2, \cdots, C_s$ を有限群 G の共役類のすべてとし，それぞれの共役類から元 $a_i \in C_i$ を任意に選んでおく．また，$\widehat{G} = \{\chi_1, \chi_2, \cdots, \chi_s\}$ を互いに同値でない既約表現の指標全体からなる集合とする．まず，可換群と異なり，$\widehat{G} \cong G$ はもはや一般には成立しないことに注意しよう．さて，次の 2 式が成立する．

$$\frac{1}{|G|} \sum_{a \in G} \chi_i(a) \overline{\chi_j(a)} = \delta_{ij} \tag{3**}$$

$$\frac{1}{|C_G(a_i)|} \sum_{\chi \in \widehat{G}} \chi(a_i) \overline{\chi(a_j)} = \delta_{ij} \tag{4**}$$

最初の直交関係は可換群の場合とまったく同じ形をしている．第 2 の関係式の $C_G(a)$ は元 $a \in G$ の中心化群と呼ばれ，

$$C_G(a) = \{g \in G \mid ag = ga\}.$$

と定義される．可換群ではもちろん $C_G(a) = G$ がすべての G の元 a に対して成立している．また，$|C_i| = [G : C_G(a_i)]$ である．

このように，可換群の直交関係式が任意の有限群に拡張できるのである．位数 n の巡回群の指標表を先に書いたが，もちろん一般の有限群でもそのような表ができる．モンスターと呼ばれ $\mathbb{M}$ と表示されている群はその位数が 54 桁もある．群論でもその発見が大きなできごとであったが，数論，物理学などにも関係している群である．モンスターは全部で 194 個の共役類と既約指標をもつ．各共役類における各々の指標の値をならべると 194×194 の行列 (指標表) ができる．既約表現で次元の 1 番小さいものは 1 で単位 (自明) 表現と呼ばれる．その次に小さい次元は 196883 であり，1 番大きいものは 25,88234,77531,05506,40452,34375 である．そのようなことが，上に述べた直交関係から計算できるのである．

有限群論は単純群が次々に発見された 1965–75 年頃その最盛期を迎えていた．単純群では位数と部分群の構造がある程度わかっていれば，指標表が計算できる．指標表は，群が実在しないとか，数値を間違えたりすると，計算の続行は不可能

になる，という経験則がある．指標の直交関係はそのくらい，厳格なものなのである．それゆえ，存在が期待できる単純群 G の位数と部分群の構造が発表されると，研究者はまず最初に指標表の完成をめざすのである．定義をしていない言葉は許していただくが，その方法を述べて，この稿を終えることにする．

（1） G の共役類をすべて決める．各共役類の代表元に対して，その中心化群の構造も決める．

（2） モデュラー表現論などを用いて，自明でない既約表現の最小可能次数を探す．その (仮の) 表現を ρ とおく．

（3） 各共役類 $a_i \in C_i$ での指標の値 $\chi_\rho(a_i)$ を決め，ブラウアーの指標の特徴付けを用いて ρ が実際に群 G の指標であることを証明する．

（4） テンソル積 $\rho \otimes \rho$，対称積 $S^2(\rho)$，交代積 $A^2(\rho)$ などから ρ 以外の既約指標を探す．既約指標 χ_i の次数を d_i とすると，$\sum_{i=1}^{s} d_i^2 = |G|$ が成り立つ．これは直交関係の第 2 式から容易に得られるが，指標表を完成するのに一番重要な情報である．

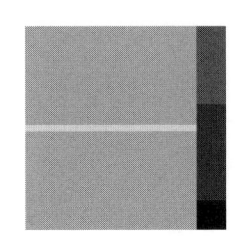

ランダムネスに潜む普遍性
中心極限定理

洞 彰人

1 はじめに

この小文では，確率論や数理統計学の入門的講義の中で1つの山場をなす**中心極限定理** (central limit theorem, 以下略して CLT) を取り上げ，その近傍の風景を眺めてみる．前段階としての**大数の法則** (law of large numbers, 以下略して LLN) にも当然触れる．これらの定理では，ランダムな小さい作用をたくさん寄せ集めたときにどういう現象が見られるかを問題にする．大まかな輪郭を示すのが LLN，そのまわりのゆらぎを記述するのが CLT である．筆者が CLT に感じる美しさは，多様で漠としたランダムネスにもかかわらず，むしろランダムであるが故の帰結として現れる普遍性にある．込み入った状況から，極限移行によって夾雑物が洗い流されて本体が浮き彫りになるイメージである．そのあたりの事情を確率分布のモーメントとキュムラントという概念を軸にして解説してみたい．

2 やはりコイン投げから

きちんとした術語の定義はさておき，やはりコイン投げから話を始めて問題の具体的な姿を見てみよう．表裏偏りのないコインを無作為に投げる試行を考える．この試行を独立に何度も何度もくり返すとき，次のことが成り立つ．

定理 1

(LLN) 表が出る回数の割合はだいたい $\frac{1}{2}$ に近づく.

(CLT) 試行回数 n のうち表が出る回数を X_n とし,平均からのずれ $X_n - \frac{n}{2}$ の値を多数の標本でプロットすると,おおよそその分布は標準偏差が $\sqrt{n}$ のオーダーの正規分布に近づく.

しかし偏りのないコインなんか作れないし,永遠に投げ続けることもできない.1 回目と 2 回目の試行は本当に「独立」か? それに「近づく」というだけでは意味がはっきりしない.何を仮定してどういう結論が導かれるかを数学的に疑義のない定理として述べるには,やはりコルモゴロフ (Kolmogorov) による確率論の公理的構成に立脚するのが一番良い.コルモゴロフの理論が世に出たのは 20 世紀前半なので,ド・モアブル (de Moivre),ラプラス (Laplace),そしてガウス (Gauss) たちによる 18–19 世紀前半の確率論の研究よりもずいぶん後である.短い本稿では,このような歴史の考察には立ち入らないことをご容赦願いたい.なお,ドイツの旧 10 マルク紙幣には,ガウスの偉業をたたえて彼の肖像と正規分布 (ガウス分布とも呼ばれる) の密度関数が印刷されていた[1].

確率論とは言うまでもなく論理に基づく厳密数学であり,技術的な面に絞ればその論理構造は,

（Ⅰ）単純な事象に対して,整合的に確率の割り当てを**仮定**

（Ⅱ）複雑な事象に対して,その確率を明確な規則に基づいて（Ⅰ）から**計算**

に尽きる.標本の数が可算個以下ならば各標本 (1 点集合) に然るべき確率を割り当てればよいが,コイン投げの無限試行の場合,目の出方の可能性全体は

$$\Omega = \{(\omega_1, \omega_2, \cdots) \mid \omega_j \in \{表, 裏\}, j = 1, 2, \cdots\} \quad (1)$$

なので連続濃度をもつ.どのような事象から確率を割り当てていけばよいか?

---

[1] 編集部注:49 ページにその図版があります.

3 確率論の基本術語

構成されるモデルは次の公理をみたす**確率空間** $(\Omega, \mathcal{F}, P)$ であるべきだというのが，コルモゴロフ流の出発点である．

- (ⅰ) Ω は出現する可能性のある結果全体で標本空間と呼ばれる．数学的には Ω は単なる集合．
- (ⅱ) $\mathcal{F}$ は確率が定められるべき事象全体．数学的には Ω の部分集合たちのなす可算加法族 (補集合と可算個の合併について閉じた族)．
- (ⅲ) P は確率，すなわち $\mathcal{F}$ から閉区間 $[0,1]$ への写像で $P(\Omega) = 1$ と可算加法性をみたすもの．

コイン投げに戻れば，(1) の Ω において有限回の目の出方を指定した事象

$$A = \{\omega = (\omega_1, \omega_2, \cdots) \in \Omega \,|\, \omega_1 = s_1, \cdots, \omega_n = s_n\}, \quad s_j \in \{\text{表}, \text{裏}\} \quad (2)$$

(その形状から筒集合と呼ばれる) 全体 $\mathcal{C}$ を含む最小の可算加法族を $\mathcal{F}$ とする．$\mathcal{F}$ は Ω のすべての部分集合を尽くすには遠く及ばないが，$\mathcal{C}$ を含み可算回の極限操作で閉じているので，コイン投げの無限試行の確率的性質を論じるには十分である．偏りのないコイン投げなら，(2) の事象 A に対しては $P(A) = \left(\dfrac{1}{2}\right)^n$ と**定義**するのが直観に合致する．そうすると，ホップ (Hopf) やカラテオドリ (Carathéodory) の名を冠した測度の拡張定理により，P は $\mathcal{F}$ 上まで可算加法的に一意に拡張される．偏りをモデルに繰り入れたければ，パラメータ $p \in (0, 1)$ を導入して $1/2$ を表裏に応じて p または $1 - p$ に置き換えればよい．

確率空間 $(\Omega, \mathcal{F}, P)$ が設定されたので，確率論の術語をもう少し用意する．Ω から実数全体 $\mathbb{R}$ への可測関数を実**確率変数**と呼ぶ．ただし，$\mathbb{R}$ の可算加法族としては開集合全体で生成されるボレル (Borel) 集合族を取る．実確率変数 X による P の像測度 (押し出し) を X の**分布**と呼び，P^X や X_*P で表す．すなわち，$\mathbb{R}$ のボレル集合 B に対して $P^X(B) = P(X^{-1}(B))$．実確率変数 X の**平均** (期待値) $E[X]$ とは Ω 上での P に関する積分にほかならない：

$$E[X] = \int_\Omega X(\omega) P(d\omega) = \int_\mathbb{R} x P^X(dx). \quad (3)$$

(3) の積分はもちろんルベーグ (Lebesgue) 式の積分である．

確率論を学ぶのにルベーグ積分の知識が必要かと問われれば yes と答えざるを得ない．ルベーグ積分を回避するのは面倒だし生産的とも思えないので，本稿でも意識はしない．ルベーグ式の積分のアイデアは明快であり，その定義・基本性質から収束定理やフビニ (Fubini) の定理あたりまで至る道のりは，見通しの良い原っぱを突っ切るような感じで，さほど楽しくもないが不快でもない．難しいのはルベーグ式の積分法とニュートン (Newton)・ライプニッツ (Leibniz) 式の微分法の折り合いをつけるところだが，ヴィタリ (Vitali) の被覆定理を鍵とする議論によってルベーグ積分の枠内での微積分の基本定理 (これも本書の企画に合う美しい定理！) に至って円満に解決される．ルベーグ積分をリーマン (Riemann) 積分の拡張として不用意に導入してしまうと，学習の初期の段階からこの難しさが混入してかえって不都合なのではと思うのだが，これは筆者の個人的感想．

　閑話休題．実確率変数 X の分布を特徴づける特性量や積分変換がいろいろある．自然数 n に対して X^n が積分可能であるとき，$E[X^n]$ を X または P^X の n 次モーメントという．P^X のラプラス変換とその対数の展開

$$E[e^{zX}] = \sum_{n=0}^{\infty} \frac{M_n(X)}{n!} z^n, \quad \log E[e^{zX}] = \sum_{k=1}^{\infty} \frac{C_k(X)}{k!} z^k, \qquad z \in \mathbb{C} \quad (4)$$

を考えると，$M_n(X)$ は X の n 次モーメントに一致し，$C_k(X)$ は X または P^X の k 次キュムラントと呼ばれる．(4) の 2 式を比較すると $M_n(X)$ たちと $C_k(X)$ たちの間の多項式関係が導かれる．これについては第 5 節でもう少し立ち入る．特に $C_1(X) = M_1(X)$ は X の平均を与え，$C_2(X) = M_2(X) - M_1(X)^2$ は**分散** $V(X)$ に一致する．すべての次数のモーメントやキュムラントが存在するとして，それらがもとの分布を完全に決定するかというと，一般にはそうは言えず，モーメント問題の決定性という微妙な話になる．しかし，モーメントやキュムラントがもとの分布を完全に決定するための使いやすい十分条件も知られていて，カーレマン (Carleman) の条件：$\sum_{n=1}^{\infty} M_{2n}^{-1/2n} = +\infty$ はその代表的なものである．平均 m，分散 v の**正規分布** $N(m,v)$ のラプラス変換を計算すれば

$$\int_{\mathbb{R}} \frac{1}{\sqrt{2\pi v}} e^{zx} e^{-(x-m)^2/(2v)} dx = e^{mz+vz^2/2}, \qquad z \in \mathbb{C}$$

となるので，$N(m,v)$ のキュムラントは

$$C_1 = m, \quad C_2 = v, \quad C_3 = C_4 = \cdots = 0 \qquad (5)$$

で与えられる．カーレマンの条件がみたされることも容易に確認され，結局 (5) が正規分布を完全に特徴づける．これを見れば，キュムラントが正規分布したがって CLT と非常に相性がよいことが推察されよう．

実確率変数の組 (X, Y) の同時分布は P の $\mathbb{R}^2$ 上への像測度 $P^{(X,Y)}$ として定義される．$P^{(X,Y)}$ が P^X と P^Y の直積に等しいとき，X と Y は**独立**であると言う．可算個の実確率変数 $X_1, X_2, \cdots$ の独立性の定義も同様．独立な実確率変数 X, Y について，モーメントは乗法的でキュムラントは加法的である：

$$M_n(XY) = M_n(X)M_n(Y), \qquad C_k(X+Y) = C_k(X) + C_k(Y). \qquad (6)$$

特に独立な場合，分散 ($= 2$ 次キュムラント) は加法的である．

4 極限定理

コイン投げの無限試行において，n 回目の試行の結果を表す確率変数は (1) の標本空間 Ω から第 n 因子空間 $\{0, 1\}$ への射影 X_n で与えられる．ただし，表を 1，裏を 0 とおいた．確率 P の構成の仕方より X_n たちは P に関して独立な確率変数列である．n 回の試行のうちの表の回数は $S_n = X_1 + \cdots + X_n$ である．このような独立確率変数列の和に関する極限定理については多岐にわたる詳しい研究の蓄積があり，これから述べる LLN と CLT はその典型と言える．

定理 2 (コイン投げにおける **LLN**)　ほとんどすべての標本 $\omega \in \Omega$ に対して

$$\lim_{n \to \infty} \frac{S_n(\omega)}{n} = E[X_1] \quad (= \frac{1}{2}). \qquad (7)$$

ただし「ほとんどすべて」とは確率 0 の例外集合を除いての成立を意味する．

(7) の左辺は標本ごとの試行回数 ($=$ 時間) に関する算術平均，右辺は確率空間上の平均 (アンサンブル平均とも言う) である．定理 2 は「長時間平均 $=$ アンサンブル平均」を主張するエルゴード定理のもっとも単純な場合と言える．

ほとんどすべての標本に対して $\dfrac{S_n}{n} - E[X_1]$ が $n \to \infty$ で 0 に収束することがわかり，極限でランダムネスが消えてしまった．この量のスケールを分散が一定に保たれる程度に少し拡大してみる：

$$Z_n = \sqrt{\frac{n}{V(X_1)}}\Big(\frac{S_n}{n} - E[X_1]\Big) = 2\sqrt{n}\Big(\frac{S_n}{n} - \frac{1}{2}\Big). \tag{8}$$

$V(Z_n) = 1$ となっていることに注意．そうすると，標本ごとの Z_n の収束はもはや論じられないが，Z_n の分布に着目すれば次の収束が成り立つ．収束の意味はすぐ後に述べる．

定理 3（**コイン投げにおける CLT**） (8) の Z_n の分布は $n \to \infty$ で標準正規分布 $N(0,1)$ に**弱収束**する．Z_n が標準正規分布にしたがう確率変数 Z に法則収束するという言い方もする．

この Z を用いれば，(8) から漸近的に

$$\frac{S_n}{n} \sim \frac{1}{2} + \frac{Z}{2\sqrt{n}} \qquad (n \to \infty) \tag{9}$$

という表示を得る．(9) の右辺第 1 項は定数項，第 2 項はそれより小さいオーダーのランダムな項（**ゆらぎ**）である．定理 3 中の確率分布の弱収束の特徴づけはいろいろあるが，

$$\lim_{n \to \infty} P^{Z_n}([a,b]) = \int_a^b \frac{1}{\sqrt{2\pi}} e^{-x^2/2} dx, \qquad a,b \in \mathbb{R} \tag{10}$$

もその 1 つである．今の場合はモーメントとキュムラントの収束も成り立つ．

定理 4（**コイン投げにおける CLT**） 定理 3 と同じ記号のもとに，任意の $k \in \mathbb{N}$ に対して

$$\lim_{n \to \infty} M_k(Z_n) = M_k(Z), \qquad \lim_{n \to \infty} C_k(Z_n) = C_k(Z). \tag{11}$$

証明 $C_1(Z_n) = 0$ は 1 次キュムラントの線型性から明らか．2 次以上のキュムラントについては，(6) の加法性から $C_k(Z_n) = 2^k n^{-(k/2)+1} C_k(X_1)$ となり，$k = 2$ のときのみ 1，$k > 2$ なら $n \to \infty$ で 0 に収束する．これと (5) を比べればよい．そうするとモーメントの収束は後述の (12) からしたがう． （証明終）

一般に，分布列の任意次数のモーメントあるいは任意次数のキュムラントが収

束して収束先がカーレマンの条件をみたせば，分布の弱収束がしたがう．

独立確率変数列の和に対する LLN と CLT はかなり一般化できる．特に X_1 が有界 (つまり分布の台がコンパクト) ならばコイン投げの議論がほとんどそのまま拡張される．任意次数のモーメントが有限という仮定は大幅に緩和可能であるが，本稿ではモーメント・キュムラントの方法を重視したのでそれを仮定した．そのかわりというわけでもないが，次節以下でモーメントとキュムラントの組合せ論的な構造を考察し，独立性の概念の広がりと CLT のかかわりを見てみよう．

5　モーメントとキュムラント

本節では確率分布を 1 つ固定し，その n 次のモーメントとキュムラントをそれぞれ単に M_n, C_n で表す．(4) より得られる

$$\sum_{n=0}^{\infty} \frac{M_n}{n!} z^n = \exp \sum_{k=1}^{\infty} \frac{C_k}{k!} z^k$$

の右辺を展開し，z^n の係数を全部拾おう．$\{1, 2, \cdots, n\}$ の**分割**全体を $\mathcal{P}(n)$ で表す．$\mathcal{P}(n)$ の元 π はその各ブロック V_i を指定することによって $\pi = \{V_1, \cdots, V_r\}$ と表示される (図 1 参照)．この分割 π に付随するキュムラントを乗法的に $C_\pi = C_{|V_1|} \cdots C_{|V_r|}$ と定める ($|\cdot|$ は元の個数)．

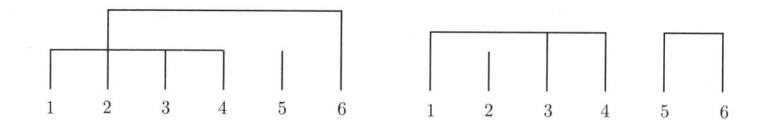

図 1　$\{\{1,3,4\}, \{2,6\}, \{5\}\} \in \mathcal{P}(6)$ と $\{\{1,3,4\}, \{5,6\}, \{2\}\} \in \mathcal{NC}(6)$

定理 5 (モーメント・キュムラント公式)　上の記号のもとに次式が成り立つ:

$$M_n = \sum_{\pi \in \mathcal{P}(n)} C_\pi, \qquad n \in \mathbb{N}. \tag{12}$$

半順序集合 $\mathcal{P}(n)$ のメビウス (Möbius) 関数を用いて (12) を反転し，C_n を n 次以下のモーメントたちの多項式で表すこともできる．(12) で分割を非交差的

なもの (図 1 参照；右の図は線が交差していない) に限れば新たなキュムラントが得られる．$\{1, 2, \cdots, n\}$ の**非交差的** (noncrossing) 分割全体を $\mathcal{NC}(n)$ で表すと，

$$M_n = \sum_{\pi \in \mathcal{NC}(n)} R_\pi, \qquad n \in \mathbb{N}. \tag{13}$$

R_n は**自由キュムラント**と呼ばれる．つまり，通常のキュムラントのときと同様に，分割 π に付随する自由キュムラント R_π をブロックに関して乗法的に定義することにすれば，(13) によって自由キュムラントの列 $R_1, R_2, R_3, \cdots$ が一意に定まるということである．(13) を半順序集合 $\mathcal{NC}(n)$ のメビウス関数で反転すれば，R_n を n 次以下のモーメントたちの多項式で表示できる．この自由キュムラントの概念を生み出すもとになったヴォイクレスク (Voiculescu) の**自由確率論**について次節で一言述べることにしよう．

6 自由と独立

自由 (free) と独立 (independent) は日常生活においても相補的な概念である．それはともかくとして，確率空間上の平均という操作は，確率変数の集まりのなす関数環上の線型汎関数であった．粗く言ってこの関数環を作用素環に取り替えたもの，つまり確率変数として非可換なものを許容するのがいわゆる非可換確率論である．ヴォイクレスクの自由確率論はその中でももっとも豊富な内容を有するものの 1 つである．自由群の群環とその上のトレース (単位元にのるデルタ関数が決める状態) のなす確率空間がその典型的な構造であるが，それを幾分抽象化したものとして確率変数の**自由性**の概念がある．独立な確率変数たちの多項式のモーメントは，(6) の乗法性によりそれぞれの変数のモーメントから計算される．その意味で，独立性は確率変数の混合モーメントの計算則を規定するものとみなせる．自由性とは，自由群環の積とトレースの構造に即したこのような混合モーメントのある種の計算則である．(6) の類似として，前節に述べた自由キュムラントは自由な確率変数 X, Y に対して加法的にふるまう：$R_n(X+Y) = R_n(X) + R_n(Y)$．

本稿で述べた CLT は，独立で小さいランダムな作用をたくさん寄せ集めたときの全体の挙動を記述するものであった．量子力学の誕生以来，このような文脈でも非可換な作用を確率変数と考えるのに違和感はなくなった．自由な (したがって高度に非可換な) 確率変数列の和のスケーリング極限として普遍的に現れるのが

ウィグナー (Wigner) の**半円分布**であり，その自由キュムラント R_k は 3 次以上がすべて消える．(5) と比較されたい．この意味でウィグナー分布は通常の確率論における正規分布に相当する位置を占める．自由確率論はもともとの因子環の構造解析にとどまらず，ウィグナー分布を 1 つのキーワードとしてランダム行列，スペクトルの漸近解析，漸近的表現論などと密接な関連を持っている．

7 おわりに

CLT の美しさを伝えることができたかどうか甚だ心もとない．究極のゆらぎを記述するものとしての正規分布あるいはガウス性の普遍的なイメージを十分醸し出せたのやらどうやら…．ランダムな系において何らかのゆらぎを捉えるために，独立性が陽にあるにせよないにせよ，CLT 風の議論をして何かの確率分布を得たとしよう．それが正規分布である場合，「何だ，また正規分布か，新しくない！」という意見もあるかもしれないが，筆者は違う印象を持つ．つまり，正規分布でないものを得たとすればむしろ，もっと深い階層に潜ると実は正規分布を生み出す構造があるのではないかと考えてしまうわけである．実際，筆者がこのところ研究している非可換な代数的構造をもつランダムな系においても，しばしばそういう示唆を感じ取る場面に出くわす．このあたりは多分に経験則であるので実のところはまだ何とも言えないが．人生は短すぎて時間無限大の極限描像は夢想だにできない．

最後に文献を少しだけ挙げておく．独立確率変数列の和に関する CLT はたいていの確率論の本が扱っている．たとえば [1] は定評がある．[2] では CLT の代数的な取り扱いを直交多項式や測度のモーメント問題と絡め，グラフのスペクトル解析や対称群の表現の漸近理論に持ち込んだ．自由確率論の入門書として，とくに自由キュムラントを軸にした展開では [3] が優れている．

参考文献

[1] R. Durrett *"Probability: theory and examples"*, Duxbury Press, 1991.

[2] A. Hora, N. Obata *"Quantum probability and spectral analysis of graphs"*, Theoretical and Mathematical Physics, Springer-Verlag, 2007.

[3] A. Nica, R. Speicher, *"Lectures on the combinatorics of free probability"*, London Mathematical Society Lecture Note Series **335**, Cambridge University Press, 2006.

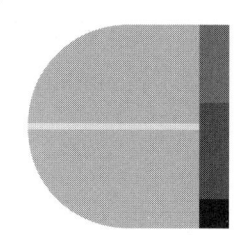

みなさんなら何を選ぶ？
学生が選んだ美しい定理
鈴木 寛

1 レポート

　私は毎年大学で一般教育科目の数学を一コース教えています．年ごとに授業で扱うトピックは異なりますが，ここ二年間，つぎのようなテーマのレポートを課しました[1]．

　　美しいと感じる数学の理論または定理とその証明，
　　およびその美しさの説明．

　受講生は，数人を除いてすべていわゆる文系の学生です．
授業中にこのレポートに関して次のように説明しています．

　「『平面上の三角形の内角の和は 180 度』という定理は，少し勉強すれば，中学生でも証明を理解することができます．そしていったん証明されれば正しさは不変です．科学が進歩して，内角の和は正確には 180 度ではなく，179.99999 度と 180.00001 度の間であることがわかったなどということはありません．不変なものなどないと思われる現代においても常に正しく，どんな三角形もこの性質を持つという意味で普遍性も高いものです．美しいと思いませんか．学問は基本的にすべて真理を追究する

[1) コースとレポート課題については，最後の補遺を参考にして下さい．

ものですが，数学は，普遍的な真理を得ることを実感できる数少ない学問ではないでしょうか．しかし，何を美しいと考えるかは，数学的に特別な定義を与えない限り，人によって異なるものでしょう．そこで，この課題では，なぜ自分が美しいと思うのかもあわせて説明して下さい．」

　一般の学生にとって，証明まで書ける定理は限られるでしょうが，私は証明まで理解したものを書いてもらうことにこだわっています．証明を理解することが，定理を美しいと感じる必要条件ではないかもしれませんが，数学では，定理を美しいと感じることと，なぜ成立するかを理解することとは深く結びついていると考えているからです．そして学生にも，知的感動を持って理解することを通して，数学の定理と向き合ってほしい，さらに，他の学生の感動も理解しようとしてほしいと願っているからです．
　さて，読者の皆さんは，どのような定理を美しいと感じますか．

2　学生の選んだ美しい数学

2.1　ピタゴラスの定理

　レポート 125 件中 21 件がピタゴラスの定理に関するものでした．現在は中学校 3 年生で学ぶことになっています．

定理（ピタゴラスの定理）　三角形 ABC の辺の長さを $BC = a$, $CA = b$, $AB = c$ とする．三角形 ABC が 角 C を 90 度とする直角三角形ならば

$$a^2 + b^2 = c^2$$

である．また，逆に，三角形 ABC において $a^2 + b^2 = c^2$ が成り立てば角 C は 90 度である．

証明　前半のみ証明する．頂点 C から AB へ下ろした垂線を CH とする．三角形 ABC と三角形 ACH および三角形 CBH が相似であることから

$$AH : b = b : c \quad \text{および} \quad BH : a = a : c$$

が得られるので

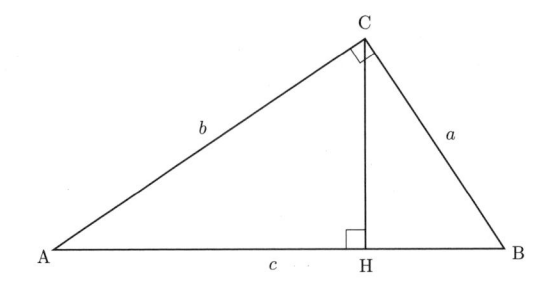

$$c = \mathrm{AH} + \mathrm{BH} = \frac{b^2}{c} + \frac{a^2}{c}.$$

これより，$a^2 + b^2 = c^2$ が導かれる． (証明終わり)

美しいと感じる理由として挙げられたものをいくつか見てみましょう．

> わかりやすさ／スッキリしている／形がシンプルで自乗というのも美しい／出しゃばらず究極的にシンプル／証明が明快／論理的に理解しやすい数多くの証明がある／多くの証明の発見の楽しみ／広い応用／直角三角形の規則性がたった一つの式で説明できる／拡張性 (余弦定理・スチュアートの定理)／フェルマーの大定理へといざなう "2" の唯一性

最後は，ワイルズらによる「$a^n + b^n = c^n$ は n が 3 以上の整数の時に $a = b = c = 0$ 以外の整数解を持たない」というフェルマーの大定理と比較して，$n = 2$ の時は，$a = 3, b = 4, c = 5$ などのピタゴラス数と呼ばれる整数解が無限に存在することを述べたものですね．

ピタゴラス数については，ピタゴラス音階として取り上げた人や，上にもあげた「応用」としてピタゴラスの定理の後半を利用して，たとえば，端から 3 メートル，7 メートルのところに印をつけた 12 メートルの縄を使って，3 メートル，4 メートル，5 メートルの直角三角形を作り，グラウンドなどに直角を作ることができることをあげた人もいました．このような応用もあるため，知的興奮をもって美しいと感じることができるのでしょう．

上にあげた証明は，12 歳のアインシュタインが考えたとされているらしく，「12 歳のアインシュタインが考えたことが自分にも理解できたということがミーハー心

ながら嬉しい」と書かれたものもありました．天才たちの思考をなぞることができるのも，数学の楽しみかも知れません．この証明を含めて，証明の多さをあげた学生が多くありました．たしかに，インターネット上を検索すると，100 近い証明を載せているサイトもあり，ピタゴラスの定理への愛着を再認識させられました．

美しさを「一見しただけでは読み取れない深い理屈がシンプルな対象物の中に凝縮されているのを発見したときに感じる」として，ピタゴラスの定理はそのようなものだと書かれたものもありました．証明まで覚えていた学生は殆どいないと思いますが，いろいろな証明にこめられた「深い理屈」を発見する喜びを，このシンプルな定理は多くの人に与えているのでしょう．

2.2 パスカルの三角形

二番目に多かったのはパスカルの三角形．レポート 125 件中 8 件でした．現在は高等学校「数学 A」に含まれています．

$(a+b)^n$ の展開式の $a^{n-r}b^r$ の係数を $_nC_r$ で表すと，

$$(a+b)^n = \sum_{r=0}^{n} {}_nC_r a^{n-r}b^r$$
$$= {}_nC_0 a^n + {}_nC_1 a^{n-1}b + {}_nC_2 a^{n-2}b^2 + \cdots + {}_nC_{n-1} ab^{n-1} + {}_nC_n b^n$$

と書くことができます．二項 $a+b$ の n 乗の展開式の係数であることから，$_nC_r$ を二項係数と呼ぶわけですが，これが

$$_nC_0 = {}_nC_n = 1, \quad {}_nC_r = {}_nC_{n-r}, \quad {}_{n+1}C_r = {}_nC_r + {}_nC_{r-1}$$

を満たすという性質を用いると，二項係数をならべた三角形は左右の辺がすべて 1 で，かつ左右対称，上の段の二つの数字を足したものから次の段が計算できる．

```
           1
         1   1
        1  2  1
       1  3  3  1
      1  4  6  4  1
     1  5 10 10  5  1
    1  6 15 20 15  6  1
```

これを表したのがパスカルの三角形と呼ばれるものです．

学生が美しいとする理由をいくつか見てみましょう．

「一見すると式の長さと，文字の多さに気圧される部分もあるが，意外にもシンプルな構造で，規則性を発見することによって，その美しさを知ることができる」．パスカルの三角形の中に，いろいろな数列が現れることが美しいと書いたものもありました．1 が並んだ辺の次の辺は $1, 2, 3, 4, \cdots$，その次は $1, 3, 6, 10, \cdots$．これは，$1, 1+2, 1+2+3, 1+2+3+4, \cdots$ で 三角数と呼ばれるもの．次は $1, 4, 10, 20, \cdots$ となり，これは $1, 1+3, 1+3+6, 1+3+6+10, \cdots$ で三角数を足した四面体数と呼ばれるものが現れます．また少し角度をつけて斜めに和をとると，$1, 1, 2, 3, 5, 8, \cdots$ とフィボナッチ数列[2]になります．いくつかの性質に気づき，先生に勧められて，三項，四項の場合の展開式の係数も考えたという学生もいました．二項係数に関する多くの公式と出会い「この三角形の美しさは，何と言ってもこの図形的な美しさではないでしょうか．答えになる係数が左右対称でシンプルな三角形の形をしてならんでいるところが『完璧』で，とてもきれいだと私は思います．また複数の記号や文字でできた二項定理を目に見えてわかる(数字を用いた) 図に変化させることができるこの定理は応用がきいて美しいなと思います」．

単に定義と公式だけから与えられるものとは違う理解ができることや，それを眺めて隠されている宝を探す楽しみがこのパスカルの三角形の魅力なのかも知れません．

2.3 黄金比

三番目は黄金比．この比に分けることを黄金分割と呼びます．その比 $1 : x$ は，$x = \dfrac{1+\sqrt{5}}{2}$，すなわち x は

$$x = 1 + \frac{1}{x} = 1 + \cfrac{1}{1 + \cfrac{1}{1 + \cfrac{1}{1 + \cdots}}}$$

---

[2] $F_0 = 1, F_1 = 1, n \geq 2$ のとき $F_n = F_{n-1} + F_{n-2}$ を満たす数列．一般項は，$F_n = \frac{1}{\sqrt{5}} \left(\left(\frac{1+\sqrt{5}}{2} \right)^{n+1} - \left(\frac{1-\sqrt{5}}{2} \right)^{n+1} \right)$ となる．

を満たす正の実数です．一番右は，連分数と呼ばれる形で書かれています．二項目の分母は同じ形の式が無限に続くとすると，x と同じ形をしていますから，真ん中の式が得られます．

　これは，数学の定理とも理論とも言えないものですが，人が美しいと感じ，自然界にも存在する数として興味を持たれたようです．ピラミッドや，パルテノン神殿，ミロのビーナスにもこの比率が使われているとか．オウムガイの貝殻のらせんも黄金比からなっており，また茎につく葉の間隔などに現れるといわれるフィボナッチ数列もこの数が基本となっていることを知り，驚きを持って美しいと感じたとも書かれていました (脚注 2 を参照)．

　H. ヴァルサー著『黄金分割』(蟹江幸博訳，日本評論社) から引用して，黄金分割は「他から孤立した現象ではなく，ある共通の考え方が一般化されているという過程の中で，最初のそしてもっとも簡単な例になっていることが多いのです」と書いた学生は，さらにマーク・トウェインの「ゆりかごから墓場まで，人はたったひとつの目的のために行動している．それは自分のこころの平安を保つこと」を引用し，「人は，心の黄金比をたもつために行動しているのではないか」とも書いています．数学的理解からは単純には出てこない美しさなのかもしれません．

　また，上の x の定義でも書いた連分数の式を示し「まるで合わせ鏡をしているかのような不思議な式である．この構造は非常にシンプルでスッキリしている．それでいてこのような構造をもつものは黄金比だけだという非常に稀有なものでもある．黄金比を纏ったものをみるとき，この稀有さと無駄のないシンプルな構造が人の意識に鮮烈な美の印象を与えているのではないだろうか」．みなさんは，どう思いますか．

2.4　チェバの定理

　四番目はチェバの定理．高等学校の「数学 A」の平面幾何で出会った人も多いでしょう．

定理 (チェバの定理)　三角形 ABC の頂点と対辺上の一点とを結んだ線分 AL, BM, CN が一点で交わるとする．このとき，

$$\frac{\mathrm{AN}}{\mathrm{BN}} \cdot \frac{\mathrm{BL}}{\mathrm{CL}} \cdot \frac{\mathrm{CM}}{\mathrm{AM}} = 1.$$

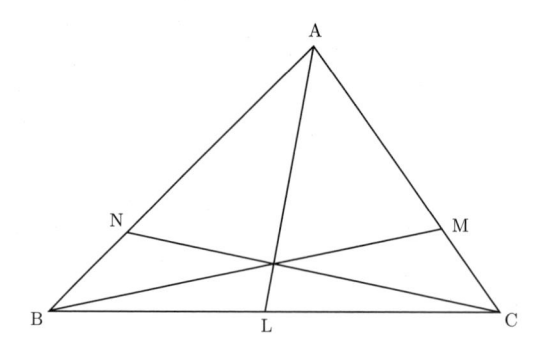

実は私にとっても，中学時代にチェバの定理とメネラウスの定理を先生から出題され，クラスメートと競争で解いた思い出深い定理です．

シンプルで覚えやすい／シンプルな構造とシンプルな証明という単純さを持ちながら高い応用力を持ちあわせている／理解できるものでありながら驚きを与えてくれる

「まず，図形的にみて，三角形のそれぞれの頂点から対辺におろした直線が一点で交わりさえすれば，どのように直線を引いてもこの公式が成り立ってしまうところがシンプルだが不思議である．次に，六カ所に数字をあてはめると，そこから導かれるものは "1" となるところが潔く，美しい．しかもそのあてはめ方は単純」．
ここまで書かれるとなにかとても美しく感じられてきますね．

2.5　そして…

五番目以降は，三角関数の加法定理，素数の無限性，オイラーの公式，友愛数・完全数，ピックの定理，フィボナッチ数列，ヘロンの公式，相加相乗平均，楕円の方程式，$1 = 0.999\cdots$，微分と続きます．

平面幾何の定理もいくつもあがっていました．球や三角錐の体積は，公式だけを小学生の頃から覚えていたが，区分求積法を使って公式が導かれたときは感激したというものもあります．また，分数の割り算や，$0! = 1$, 多項式 0 の次数の決め方，$(-1) \times (-1) = 1$ などの理由を納得して感激し，美しいと感じたことなどを書いたものもありました．

インド式計算法，9で割った余りを計算する九去法，7の倍数の判定法，回転体の体積に関するパップス・ギュルダンの定理，格子点を頂点とする多角形の面積を求めるピックの公式などのように，難しい計算が，あっという間にできてしまう驚きを美しいと感激して記されたものもなにか気持ちがわかりますね．

「間隔 d の平行な直線を書いた紙に，長さ a の針を落とすと，針が線に触れる確率は $a<d$ のとき $\dfrac{2a}{\pi d}$ である」という「ビュフォンの針」や，プロ野球において，一番早くて何ゲーム目にマジックナンバーがでるかを考察した「論文」(？)など，私もついつい引き込まれてしまうものもいくつもありました．ご紹介できないのが残念です．

このレポート課題は，点数をつけて差をつけるのには適していないかもしれませんが，学生が証明まで理解し，その過程での感動も伝わってくるという意味で，学生の学習の意味は十分あったかなと思います．もう一つ印象に残ったのは，インターネットおよび書籍で一般読者向けの数学の良い読み物がたくさん世に出ていることでしょうか．

3　美しいと言うこと

私は，ほとんど消去法で数学を選びましたが，大学に入学して最初の数学の講義で数学に魅了されてしまいました．線形代数の授業の一時間目，ベクトル空間の定義から始まり，定義の直後に，零元の一意性が証明されたときでした．その部分のみを記すとつぎのようになります．

定理　集合 V に演算 $+$ が定義されているとする．すべての V の元 v について $v+\theta=v=\theta+v$ となる V の元 θ を，V の零元と呼ぶ．このとき，零元は存在すればただ一つである．

証明　θ と θ' を零元とする．このとき，
$$\theta' = \theta + \theta' = \theta$$
である．したがって，零元は存在すればただ一つである．　　　　　　（証明終わり）

授業は先に進んでいくにもかかわらず，私は，ずっとこの式を見つめ続けました．論理を頭で繰り返しながら，式の意味が少しずつはっきりしていくと共に，感動がゆっくりこみ上げて来ました．上の式の最初の等号は，θ が零元の性質をみたすからで，後の等号は今度は，θ' が零元の性質を満たすから成立します．それをつなぎ合わせると，$\theta = \theta'$．これは，零元はただ一つであることを主張している．いままでまったく知らなかった世界に連れていかれた感覚がありました．

知的な感動を「美しい」としか表現できない．まるで恋をしているように，感動の対象を論理を越えた「美しさ」と表現するようになる．次第に，式自体もその証明も，すべてが美しく見えてくる．そのような魅力に充ち満ちているのが数学なのではないかと思います．

受験勉強などで，感動などしているひまのない学生さんたち，悪い思い出だけを，数学という教科に結びつけて，半ば強制的に途中下車させられていく，いわゆる文系の学生たちにも，この感動を味わい直してほしいというのが，一教員である私の願いです．みなさんも感動を味わい直してみませんか．

補遺：一般教育科目と課題について

私が教えている大学の一般教育科目の数学には「数学の方法」と「数学の世界」という二種類のコース[3]があります．「数学の方法」は，基本的に線形代数と微分積分の入門で，数学の専門基礎科目への橋渡しとして，社会科学などで数学を利用する学生，特に経済系の学生を想定したコースです．一方「数学の世界」は教える人によって内容が異なりますが，私は組合せ論を中心にして，日常的な設定に問題を変え，受講生が楽しみながら論理を理解することを目標にしています．数学の厳密な証明までは要求しませんが，それに近いものを自分の言葉で書くこと，友人や家族に説明することによって論理的に物事を理解しそれを伝える訓練を目指しています．2007 年度は「数学の方法」を教え，レポートは，「美しい数学」以外に「数学の理工系以外への応用」という課題を与え，それらの選択としました．2008 年度は「数学の世界」を教え「美しい数学」と「新聞記事で論理に問題があるもの，または秀逸な論理展開のもの」という課題にしました．また，ネット上で受

---

[3] コースについての詳細はホームページを参照して下さい．
http://subsite.icu.ac.jp/people/hsuzuki/science/index-j.html

講生に公開，投票もしてもらいました．これは，他の受講生のレポートも読んでもらうためです．しかし，受講生は 150 人で，すべてのレポートを全員が読むのはさすがに大変なので，他の受講生に読んでもらうための気の利いた 16 文字以内のタイトルを付けてもらい，投票することも，投票されることもレポートの評価につながるようにしました．といっても，コース全体の成績評価の 10 % 以下の課題です．公開することにより，ある質が担保されることは計算の内でしたが，他の受講生のレポートを読むことによって，多くの刺激を受けたようでした．「美しい数学」についてのポイントは三つ．数学であること．しかし数学のレベルや内容は問わない．証明も添えること．そして美しいと感じる理由を書くこと．A4 で 2 ページを上限としました．

執筆者一覧

阿原一志	明治大学大学院数学系
石井志保子	東京大学大学院数理科学研究科
伊藤哲史	京都大学大学院理学研究科数学教室
伊藤由佳理	名古屋大学大学院多元数理科学研究科
牛瀧文宏	京都産業大学大学院理学研究科数学専攻
大栗博司	東京大学国際高等研究所カブリ数物連携宇宙研究機構　主任研究員
	カリフォルニア工科大学　フレッド・カブリ冠教授
川﨑徹郎	学習院大学大学院自然科学研究科数学専攻課程
黒川信重	東京工業大学大学院理工学研究科数学専攻
澤野嘉宏	首都大学東京理工学研究科数理科学コース
白石潤一	東京大学大学院数理科学研究科
杉原厚吉	明治大学研究・知財戦略機構先端数理科学インスティテュート
角 大輝	大阪大学大学院理学研究科数学教室
立澤一哉	北海道大学大学院理学研究院数学部門
田邊 晋	Galatasaray University (Turkey)
土基善文	高知大学理学部数学コース
西崎真也	東京工業大学大学院情報理工学研究科計算工学専攻
縫田光司	産業技術総合研究所情報セキュリティ研究センター
原田耕一郎	オハイオ州立大学　名誉教授
	台湾国立成功大学　客員教授
洞 彰人	北海道大学大学院理学研究院数学部門
鈴木 寛	国際基督教大学大学院理学研究科

この定理が美しい

2009 年 6 月 1 日	第 1 版第 1 刷発行
2012 年 11 月 10 日	第 1 版第 2 刷発行

編者	数学書房編集部
発行者	横山 伸
発行所	有限会社 数学書房
	101-0051 東京都千代田区神田神保町 1-32-2
	TEL 03-5281-1777
	FAX 03-5281-1778
	mathmath@sugakushobo.co.jp
	http://www.sugakushobo.co.jp
	振替口座 00100-0-372475
印刷 製本	モリモト印刷
装幀	岩崎寿文
編集協力	飯野 玲

ⓒSugaku Shobo 2009, Printed in Japan
ISBN 978-4-903342-10-8

この数学書がおもしろい 増補新版
数学書房編集部 編
2,000円＋税／A5判／978-4-903342-64-1

おもしろい本、お薦めの書、思い出の1冊を、数学者、物理学者、工学者などが紹介。新たに10人の執筆者を加え、増補新版として刊行。

◆執筆者一覧

青木 薫	秋葉忠利	合原一幸	新井朝雄
新井仁之	荒船次郎	泉屋周一	上野健爾
牛瀧文宏	梅田 亨	浦井 憲	江口 徹
江沢 洋	落合啓之	筧 三郎	桂 利行
加藤文元	蟹江幸博	金子昌信	河添 健
杉原厚吉	砂田利一	瀬山士郎	高崎金久
高瀬正仁	髙橋陽一郎	高安秀樹	田口雄一郎
寺杣友秀	徳永浩雄	中村孔一	中村佳正
浪川幸彦	土基善文	難波 誠	西山 享
野海正俊	野崎昭弘	林 晋	原岡喜重
原田耕一郎	堀田良之	松澤淳一	松本幸夫
村上 斉	森 重文	森田康夫	山本義隆
結城 浩	吉永良正	保江邦夫	

この数学者に出会えてよかった
数学書房編集部 編
2,200円＋税／A5判／978-4-903342-65-8

数学との出会いで、良い先生・良い数学者に出会うことは、大きな要因です。そこで16人の数学者に、人との出会いの不思議さ・大切さを自由に書いて頂きました。

◆執筆者一覧

青本和彦	小野 孝	加藤十吉	河東泰之
河野實彦	小谷元子	小林昭七	杉山健一
髙橋陽一郎	高橋礼司	武部尚志	西川青季
原田耕一郎	村上 斉	村瀬元彦	山本昌宏

数学書房

素粒子論のランドスケープ
大栗博司 著
2,900円＋税／四六判／978-4-903342-67-2
21世紀の宇宙の数学はなんだろうか。素粒子論研究のトップランナーが、今まで雑誌などに執筆したアウトリーチをまとめた。

教室からとびだせ物理　物理オリンピックの問題と解答
江沢洋・上條隆志・東京物理サークル 編著
2,800円＋税／A5判／978-4-903342-66-5
君は学校で教わっていることに満足できるか。もっと広い世界にとびだそう。国際物理オリンピックの問題の中から精選をして、詳細な解答と考察を加えた。

理系数学サマリー　高校・大学数学復習帳
安藤哲哉 著
2,500円＋税／A5判／978-4-903342-07-8
高校1年から大学2年までに学ぶ数学の中で実用上有用な内容をこの1冊に要約しました。あまり知られていない公式まで紹介した新趣向の概説書です。

不等式　21世紀の代数的不等式論
安藤哲哉 著
3,500円＋税／A5判／978-4-903342-70-2
不等式を証明するには、式変形だけでなく、代数・幾何・解析学の諸理論が役に立つことを示した。理論的・体系的解説書。

数学書房選書 1
力学と微分方程式
山本義隆 著
2,300円＋税／A5判／978-4-903342-21-4
解析学と微分方程式を力学にそくして語り、同時に、力学を、必要とされる解析学と微分方程式の説明をまじえて展開した。これから学ぼう、また学び直そうというかたに。

数学書房選書 2
背理法
桂 利行・栗原将人・堤 誉志雄・深谷賢治 著
1,900円＋税／A5判／978-4-903342-22-1
背理法ってなに? 背理法でどんなことができるの?
というかたのために、その魅力と威力をお届けします。

数学書房選書 3
実験・発見・数学体験
小池正夫 著
2,400円＋税／A5判／978-4-903342-23-8
手を動かして整数と式の計算。数学の研究を体験しよう。データを集めて、観察をして、規則性を探す、という実験数学に挑戦しよう。

数学書房